"十三五"高等职业教育规划教材

C#程序设计案例教程

（第二版）

周庞荣　易　斌　主　编

王枭婷　张红秀　副主编

于训全　主　审

中国铁道出版社有限公司
CHINA RAILWAY PUBLISHING HOUSE CO., LTD.

内 容 简 介

　　本书是适合"理论实践一体化"教学模式的教材，结合已开发的完整项目实例——学生成绩管理系统，介绍了程序逻辑、C#程序设计基础、面向对象的编程。全书以项目为载体、以案例为驱动，由浅入深、循序渐进地介绍了学生成绩管理系统项目开发的完整过程。在本书的编写过程中，重要知识点和技能点，如C#语言基础、程序控制结构、数组、函数、类、对象、继承、多态、委托与事件、异常处理、文件的输入与输出等都穿插在项目实现之中。这种做法有利于读者快速掌握C#程序开发的基本知识、技巧和方法。

　　本书结构新颖，层次分明，内容丰富，充分考虑了高职高专学生的特点，具体案例与C#语言的功能紧密结合。书中所有案例及课堂实训都选自编者多年积累的教学素材，具有很强的代表性和实用性。

　　本书适合作为高职高专院校C#程序设计的教材，也可作为C#程序设计自学人员的参考书。

图书在版编目（CIP）数据

C#程序设计案例教程 / 周庞荣，易斌主编. —2版. —北京：
中国铁道出版社有限公司，2019.6（2021.7重印）
　"十三五"高等职业教育规划教材
　ISBN 978-7-113-25798-9

　Ⅰ.①C… Ⅱ.①周… ②易… Ⅲ.①C 语言 – 程序设计 – 高等
职业教育 – 教材　Ⅳ.①TP312.8

　中国版本图书馆 CIP 数据核字（2019）第 093392 号

书　　名：C#程序设计案例教程
作　　者：周庞荣　易　斌

策划编辑：翟玉峰　　　　　　　　　　　　编辑部电话：（010）83517321
责任编辑：翟玉峰　贾淑媛
封面设计：刘　颖
封面校对：张玉华
责任印制：樊启鹏

出版发行：中国铁道出版社有限公司（100054，北京市西城区右安门西街 8 号）
网　　址：http://www.tdpress.com/51eds/
印　　刷：三河市兴博印务有限公司
版　　次：2010 年 9 月第 1 版　2019 年 6 月第 2 版　2021 年 7 月第 2 次印刷
开　　本：787 mm×1 092 mm 1/16　印张：16.25　字数：389 千
书　　号：ISBN 978-7-113-25798-9
定　　价：43.00 元

前言（第二版）

本书第一版出版发行至今已接近十年，承蒙读者的厚爱，进行了两次重印。鉴于第一版依赖的开发环境是 Visual Studio .NET 2005，但该版本的软件目前已经不再使用，本次修订，我们将本书所依赖的环境升级为 Visual Studio .NET 2015，并对其中的一些小错误进行了更正。

C#是微软公司推出的一种面向对象的编程语言，是.NET 开发平台的重要组成部分。它功能强大、编程简洁明快，开发效率高，应用十分广泛。

本书围绕软件开发职业岗位设计，在能力目标上，重点培养学生的编程逻辑能力、面向对象的分析和设计能力；在内容选择上，选取了 C#语言基础、程序控制结构、数组、函数、类、对象、继承、多态、委托与事件、异常处理、文件的输入和输出等；在内容组织上，以项目为载体，以案例为驱动，将知识点、技能点的学习融合到具体的案例之中。本书的导航图如下：

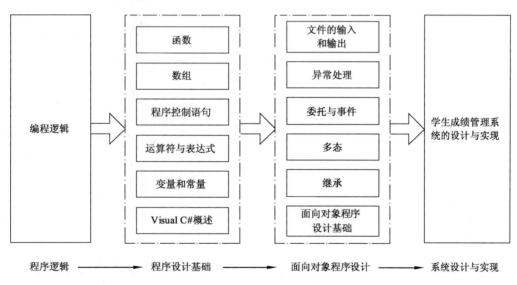

本书具有以下特点：

1. 面向应用，问题牵引

本书在编写的过程中，按照"提出问题—分析问题—解决问题"的思路编写，引导学生不断思考，提高学生分析问题和解决问题的能力。

2. **围绕项目，案例驱动**

为了配合教材的编写，编者以一个具体的项目——学生成绩管理系统为载体，设计了一系列案例，将知识点和技能点的学习融入到案例当中，提高学习者的兴趣。

3. **编码规范，习惯良好**

本书在对类、对象、方法、属性、文件等命名时，遵守统一的命名规则，使初学者一开始就养成良好的编程习惯。

本书结构层次分明，内容丰富，充分考虑了高职高专学生的特点，具体案例与 C#语言的功能紧密结合。书中所有案例及课堂实训都选自编者多年积累的教学素材，具有很强的代表性和实用性。使用本教材，读者可在轻松的氛围中掌握项目开发的基本知识、技巧和方法。

本书由湖南铁路科技职业技术学院信息技术系周庞荣、易斌任主编，王枭婷、张红秀任副主编，于训全任主审。全书分为 14 章，其中第 1～5 章由周庞荣编写，第 6 章由武汉城市职业学院张红秀编写，第 7 章由河北交通职业技术学院王枭婷编写，第 8～14 章由易斌编写。于训全对本书进行了认真的审阅，并提出了宝贵意见。

由于编者水平有限，加之时间仓促，书中难免有疏漏之处，敬请读者批评指正。

编　者

2019 年 3 月

目 录

第 1 章

编 程 逻 辑

本章主要介绍用图示法表示计算机程序的逻辑，为实现 C#程序的基本结构奠定基础。学习本章后要达到如下 7 个学习目标：

学习目标	
	☑ 了解程序的概念。
	☑ 熟悉程序流程图的符号。
	☑ 熟悉绘制流程图的工具。
	☑ 掌握绘制顺序结构流程图。
	☑ 掌握绘制选择结构流程图。
	☑ 掌握绘制循环结构流程图。
	☑ 了解绘制使用模块的流程图。

1.1 什么是程序

用计算机如何产生超市的购物清单？如何产生学生报到单？如何产生学生的成绩单？通过计算机中的程序，就能解决上述问题。

计算机程序是一组指令的组合，这组指令依据既定的逻辑控制计算机运行。

1. 什么是计算机指令

在我们参加军训的时候，经常听到教官大声喊"向左转"、"向右转"……，这里的"向左转"和"向右转"就是教官发出的指令。指令就是一套符号，约定之后，大家都去遵守。

计算机指令就是计算机借以控制内部各单元及外部各部分协调工作的命令。通过这些命令，计算机可以执行各种操作，产生用户所需要的各种结果。

2. 程序=指令的逻辑组合

下面以生成超市的购物清单说明程序和指令的关系。要生成购物清单，实现该功能的程序需要执行以下几个步骤：

① 接受顾客购买的商品。

② 计算所买商品的金额。

③ 接受顾客的付款。

④ 计算找零。

⑤ 打印购物清单。

上述要实现的每一个步骤都可以看成是计算机指令,一系列指令的组合就可以看成是程序。

1.2　I-P-O 周期

计算机执行的活动遵循输入—处理—输出周期,又称 I-P-O 周期,如图 1-1 所示。计算机一般包括键盘、鼠标、显示器、打印机、中央处理器以及存储器几个主要部件。键盘与鼠标用于输入,中央处理器和存储器用于处理,显示器和打印机用于输出。

图 1-1　I-P-O 周期

大家有过到超市买东西的经历,收银员用扫描枪扫入商品编号,利用键盘输入商品的数量,这个过程称为输入阶段;然后计算机计算本次购买的金额,这个过程称为处理阶段;打印机输出购买小票,这个过程称为输出阶段。

1.3　绘制一个简单的程序流程图

【课堂案例 1-1】绘制程序流程图:输入某种商品的单价和购买的数量,求解该商品的金额并显示。

【案例学习目标】
- 掌握绘制程序流程图的符号。
- 了解绘制流程图的工具。

【案例知识要点】程序流程图的符号、绘制流程图的工具。

【案例完成步骤】
（1）初步认识绘制程序流程图的符号。
（2）认识绘制程序流程图的工具。
（3）绘制程序流程图。

1.3.1　初步认识绘制程序流程图的符号

程序流程图是求解程序的图形表示。它由一组符号构成,每个符号表示一个特定的活动。一个典型的问题包括数据输入、数据处理、数据输出以及处理过程涉及求解问题所采用的判定。所要用的符号如表 1-1 所示。

表 1-1　程序流程图符号

名　　称	符　　号	说　　明
输入	▱	程序需要接收的值
处理	▭	对数据进行计算的过程

续表

名　　　称	符　　　号	说　　　明
输出		显示处理后的结果
判定		用于求解一个条件表达式
预定义过程		程序的基本块
流线		指出要执行的顺序，顺序应自顶向下或从左到右
开始/终结符		指出流程图的开始或结束
页连接符		用于同一页中流程图的一个步骤连接到另一个步骤
离页连接符		用于不同页中流程图的一个步骤连接到另一个步骤

对于【课堂案例 1-1】，根据对案例的分析，需要的流程图符号如表 1-2 所示。

表 1-2　所需的流程图符号

符　　　号	说　　　明
	用于表示程序流程图的开始或结束
	用于接收商品的单价和数量
	用于计算商品的金额
	用于显示商品的金额
	用于指出程序执行的顺序

1.3.2　认识绘制程序流程图的工具

目前，绘制流程图的工具很多，如 Microsoft Word、SmartDraw 和 Microsoft Office Visio 等。从工具使用的灵活性和方便性来考虑，后面两个工具更易于使用。

Microsoft Word 是一款文字编辑软件。在使用该工具绘制程序流程图时，如果没有出现"绘图"工具栏，则需要选择"视图"→"工具"→"绘图"命令，"绘图"工具栏就会出现。选择"绘图"工具栏中的"自选图形"→"流程图"命令，在弹出的级联菜单中就可以看到各种绘制流程图的符号。使用的时候也是把流程图符号直接拖放到 Word 的编辑窗口中即可。

SmartDraw 是一款专业图表设计、制作、管理和转换的软件。使用它可以轻松设计、制作、管理和转换各种图表、剪辑画、实验公式和流程图等。附带的图库里包含数万个示例、符号和形状供用户直接使用。其独特的连接器具有随机移动功能，不易断线。内含多种模型，可直接套用或修改。

Microsoft Office Visio 是一款商用和科技图表制作软件，它能以图表的形式诠释用户的想法、过程。

对于【课堂案例 1–1】，考虑到软件的使用方便性和占用的存储空间，我们使用 SmartDraw 来绘制程序流程图。

1.3.3　绘制程序流程图

绘制流程图的操作步骤如下：

（1）启动 SmartDraw 6.0，打开 SmartDraw 6.0 启动窗口，如图 1–2 所示。

图 1–2　SmartDraw 6.0 启动窗口

（2）在"创建一个新绘图"对话框中，单击"流程图"按钮选择绘图类型（默认就是流程图绘图类型），然后单击"创建空白绘图"按钮，就会出现绘制流程图的主窗体，如图 1–3 所示。

（3）单击"绘图"工具栏中的流程图符号按钮并拖放到流程图工作区，就可以绘制各种流程图。根据【课堂案例 1–1】案例的要求，绘制的流程图如图 1–4 所示。

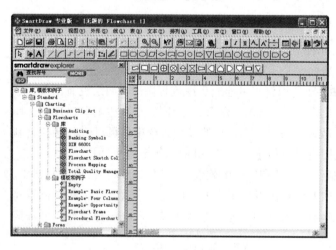

图 1–3　绘制流程图的主窗体

图 1–4　【课堂案例 1–1】程序流程图

【任务 1】绘制程序流程图：输入一个数，然后乘以 2，计算并显示其结果。

【任务 2】绘制程序流程图：输入学生姓名和计算机课程的成绩，显示学生的姓名和成绩。

1.4　绘制顺序结构流程图

【课堂案例 1-2】绘制程序流程图：输入学生三门课程的成绩，计算学生的平均成绩并显示。

【案例学习目标】

● 掌握顺序结构的使用。

● 掌握常量、变量、运算符和表达式的使用。

【案例知识要点】常量、变量、数据类型、运算符和表达式。

【案例完成步骤】

（1）初步认识常量和变量。

（2）初步认识数据类型。

（3）声明变量。

（4）初步认识运算符和表达式。

（5）绘制顺序结构流程图。

1.4.1　初步认识变量和常量

变量是在程序运行过程中，其值可以改变的量。变量总是和变量名联系在一起，所以在使用变量时，必须为变量命名。常量是在程序运行过程中，其值保持不变的量。程序中的常量和变量用于存储和操作数据。计算机为常量和变量分配内存。

下面求解一个简单的问题：两个数相加，并把结果显示出来。

要解决上述问题，系统需要定义三个变量：nNum1、nNum2 和 nSum。它们分别表示被加数、加数和加数的和，并且系统要为这三个变量分配存储单元。在程序中对 nNum1 和 nNum2 分别赋值 10 和 15，10 和 15 就是常量。把 nNum1 和 nNum2 两个变量相加并把结果置入 nSum 中，得到变量 nSum 的结果为 25。有关解决问题要用到的常量和变量如图 1-5 表示。

根据对【课堂案例 1-2】分析，需要定义四个变量：nGrade1、nGrade2、nGrade3 和 nAverage。

其中，nGrade1、nGrade2、nGrade3 分别表示三门课程的成绩，nAverage 表示该学生三门课程的平均成绩。

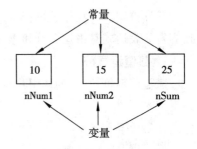

图 1-5　使用变量和常量

1.4.2　初步认识数据类型

在程序中定义变量时，需要指定变量的数据类型。基本的数据类型有数字、字符、逻辑类型，分别用关键字 numeric、character、boolean 表示。程序在处理数据时，类型不同，系统分配的存储空间不同。如前面定义的 nNum1 和 nNum2 变量要用数字型数据类型。

数字类型变量只能包含数，如年龄和商品的价格。

字符类型变量可以包含字母、数字及特殊字符的任意组合。字符类型数据通常需要用单引号或双引号括起来，如姓名"张挺"、联系电话"0733-1234567"。

逻辑类型变量的值只能取真或者假，分别用 True 和 False 表示。

根据对【课堂案例 1-2】分析，定义变量需要的数据类型全部为数字型，即 numeric。

1.4.3 声明变量

在程序中使用变量之前必须声明变量，以便为它们分配内存。

例如：

```
character cStudentName;      //声明字符型变量
numeric nScore;             //声明数字型变量
```

根据对【课堂案例 1-2】的分析，需要声明四个变量，声明变量的情况如下：

```
numeric nGrade1;
numeric nGrade2;
numeric nGrade3;
numeric nAverage;
```

变量的命名规则

在命名变量时，通常采用如下规则：

- 变量的第一个字母指出所用的数据类型，在编程逻辑中，通常用"c"指示字符变量，用"n"指示数字变量。例如，cName 表示一个字符变量，nAge 表示一个数字变量。
- 变量名应能清晰地描述它的用途，需要见其名知其义，用英文单词定义变量是一种良好的习惯。例如，cName 是表示名字的字符变量，nAge 是表示年龄的数字变量。但需要注意的是，变量中不应含有如下一些字符：？！@#%*（）{}[].,:; ""。
- 当变量名由多个单词组成时，每个单词的第一个字母大写以便有更好的可读性。例如，nTotalScore 和 cStudentName 分别表示总分和学生姓名。

1.4.4 初步认识运算符与表达式

运算符用于对操作数进行特定的运算，包括赋值运算符、算术运算符、关系运算符和逻辑运算符。表达式是由运算符和操作数组成的式子。

1. 赋值运算符

赋值运算符"="的作用是将一个数据赋给一个变量。赋值运算符的左边必须是一个变量，其格式为：

变量=表达式；

例如：

```
numeric nNum=10      //将常量 10 赋值给变量
```

2. 算术运算符

算术运算符如它的名字所表达的那样，被用来执行算术运算。由操作数和算术运算符组成的表达式称为算术表达式。常用的算术运算符如表 1-3 所示。

表 1-3　算术运算符

运　　算	运　算　符	例　　子	运算前 nSum 的值	运算后 nSum 的结果
加法	+	nSum=nSum+2	4	6
减法	–	nSum=nSum–2	4	2
乘法	*	nSum=nSum*2	4	8
除法	/	nSum=nSum/2	4	2
取模	%	nSum=nSum%2	4	0

　　在上述算术运算符的例子中,同时用到了赋值运算符,如 nSum=nSum+2,其含义是将 nSum+2 这个算术表达式的结果赋值给变量 nSum。

3. 关系运算符

　　关系运算符用来测试两个变量之间的关系，或测试一个变量与一个常量之间的关系。由操作数和关系运算符组成的表达式称为关系表达式。关系运算符的运算结果为真（True）或者假（False）。有 6 种关系运算符，下面来考查这些运算符是如何工作的，设变量 nNum1 的值为 15，变量 nNum2 的值为 25，运算结果如表 1-4 所示。

表 1-4　关系运算符

运　　算	运　算　符	例　　子	结　　果
等于	=	nNum1=nNum2	False
大于	>	nNum1>nNum2	False
小于	<	nNum2<nNum2	True
不等于	!=	nNum1!=nNum2	True
大于等于	>=	nNum1>=nNum2	Fase
小于等于	<=	nNum1<=nNum2	True

4. 逻辑运算符

　　逻辑运算符用来结合含有关系运算符的一些表达式,其结果为真或假。逻辑运算符包括 and （与）、or（或）、not（非）。

　　用 and 运算符连接起来的复合条件，仅当所有单个条件的值为 True 时，最终结果为 True。

　　用 or 运算符连接起来的复合条件，只要有一个条件为 True 时，最终结果就为 True。

　　not 是对原表达式的结果取反。

　　还是以上面提到的 nNum1 为 15、nNum2 为 25 考查逻辑运算符是如何工作的，如表 1-5 所示。

表 1-5　逻辑运算符

运　　算	运　算　符	例　　子	结　　果
与	and	nNum1=15 and nNum2>25	False
或	or	nNum1=15 or nNum2>25	True
非	not	not nNum1<nNum2	False

　　根据对【课堂案例 1-2】的分析，求出学生的平均成绩，需要使用加法和除法运算符。具

体的表达式为：

$$nAverage=(nGrade1+nGrade2+nGrade3)/3$$

运算符的优先级和结合性

运算符的优先级用来决定它在表达式中的运算次序。高优先级的运算符先于低优先级的运算符进行运算。在优先级相同的情况下，则按照从左到右的顺序进行运算。具体运算符的优先级如表 1-6 所示。

表 1-6　运算符的优先级（按从高到低的优先级顺序）

类　　别	运　算　符	类　　别	运　算　符
逻辑非运算符	not	逻辑与运算符	and
算术乘、除、取余运算符	*、/、%	逻辑或运算符	or
算术加、减法运算符	+、-	赋值运算符	=
关系运算符	==、>、<、!=、>=、<=		

当表达式中出现括号时，会改变运算符的优先级，即先计算括号中的表达式。

思考一下，设 nNum1=5、nNum2=7，表达式 "not nNum1<5 or nNum2==7 and nNum1==5" 的结果是什么？

1.4.5　绘制顺序结构流程图

通过对【课堂案例 1-2】的分析，绘制的程序流程图如图 1-6 所示。

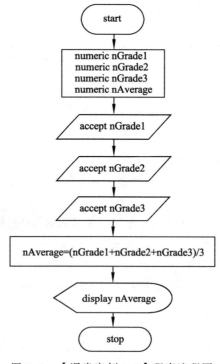

图 1-6　【课堂案例 1-2】程序流程图

【任务 1】绘制程序流程图：接收圆的半径，计算圆的周长和面积并显示其结果。

【任务 2】绘制程序流程图：输入一个华氏温度，求摄氏温度。华氏、摄氏温度的转换公式为 "$C=5/9(F-32)$"，其中 F 表示华氏温度，C 表示摄氏温度。

1.5　绘制简单的选择结构流程图

【课堂案例 1-3】绘制程序流程图：输入学生的姓名和成绩，判断该学生的成绩是及格还是不及格（成绩为 100 分制，当分数低于 60 分为不及格，否则为及格）。

【案例学习目标】
- 掌握选择结构的使用。
- 掌握条件表达式的用法。

【案例知识要点】选择结构和条件表达式。

【案例完成步骤】
（1）选择结构。
（2）构造条件表达式。
（3）绘制程序流程图。

1.5.1　选择结构

选择结构就是程序在运行过程中需要根据给定的条件从两个分支中选择其中一个分支来执行的程序结构。

选择结构的基本程序流程图有两种形式，分别如图 1-7 和图 1-8 所示。

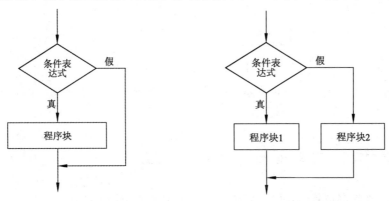

图 1-7　选择结构形式 1　　　　图 1-8　选择结构形式 2

对于选择结构形式 1，当条件表达式的结果为真时，执行程序块，为假时，什么也不执行；对于选择结构形式 2，当条件表达式的结果为真时，执行程序块 1，否则执行程序块 2。

对于【课堂案例 1-3】，需要根据输入的成绩是低于 60 分还是高于 60 分，给出成绩是及格还是不及格，所以需要使用选择结构，并且当分数低于 60 分时，显示不及格，高于 60 分时，显示及格，条件判断的两种情况都要考虑，所以需要使用选择结构形式 2。

1.5.2　构造条件表达式

从已学习过的运算符和表达式可以得知，要使表达式的结果为真（True）或假（False），表达式要么是关系表达式，要么是逻辑表达式。

对于【课堂案例 1-3】，我们可以构造一个关系表达式作为选择结构的条件表达式。条件表达式的定义如下：

分数<60

1.5.3　绘制程序流程图

通过对【课堂案例 1-3】的分析，绘制的程序流程图如图 1-9 所示。

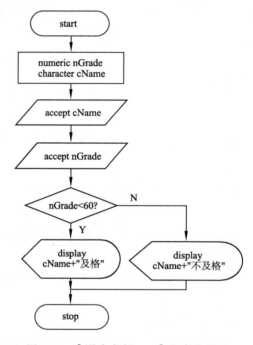

图 1-9　【课堂案例 1-3】程序流程图

在上述流程图中，变量 nGrade 表示学生的成绩，变量 cName 表示学生的姓名。

课堂实践 1-3

【任务 1】绘制程序流程图：输入学生的成绩，当成绩小于 0 分或大于 100 分时，显示输入成绩不合法。

【任务 2】绘制程序流程图：输入两个数，显示两个数中较大的数。

1.6　绘制嵌套的选择结构流程图

【课堂案例 1-4】绘制程序流程图：输入三个数，显示三个数中最大的数。

【案例学习目标】掌握嵌套的选择结构的使用。

【案例知识要点】嵌套的选择结构。

【案例完成步骤】

（1）嵌套的选择结构。

（2）绘制程序流程图。

1.6.1 嵌套的选择结构

嵌套的选择结构是指在一个判断分支下继续要使用选择结构的程序结构。这种选择结构是一种比较复杂的选择结构，其形式如图1-10所示。

对于【课堂案例1-4】，在比较两个数得到较大的数后还要跟第三个数进行比较才能得到三个数中最大的数，即进行一次判断后还要进行第二次判断。根据这种思路，需要使用嵌套的选择结构解决该问题。

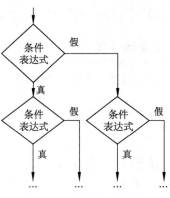

图 1-10　嵌套的选择结构

1.6.2 绘制程序流程图

通过对【课堂案例1-4】的分析，绘制的程序流程图如图1-11所示。

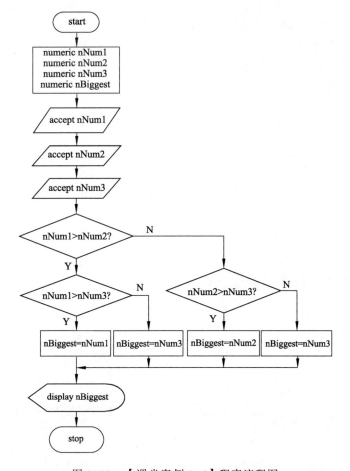

图 1-11　【课堂案例1-4】程序流程图

在上述流程图中，nNum1、nNum2 和 nNum3 表示输入的三个数，nBiggest 表示三个数中最大的数。

思考一下，如果不用嵌套的选择结构，如何解决上述问题？

课堂实践 1-4

【任务 1】绘制程序流程图，求解函数：

$$y=\begin{cases} -1 & (x<0) \\ 0 & (x=0) \\ 1 & (x>0) \end{cases}$$

【任务 2】绘制程序流程图：判断某一年是否为闰年。（闰年的条件是能被 4 整除，但不能被 100 整除，或者能被 400 整除。）

1.7　绘制复杂的选择结构流程图

【课堂案例 1-5】绘制程序流程图：输入学生的姓名和成绩，要求输出学生成绩的等级"优"、"良"、"中"、"及格"和"不及格"。其中，90 分以上为"优"，80～89 分为"良"，70～79 分为"中"，60～69 分为"及格"，60 分以下为"不及格"。

【案例学习目标】掌握复杂的选择结构的流程图。

【案例知识要点】复杂的选择结构。

【案例完成步骤】

（1）复杂的选择结构。

（2）绘制程序流程图。

1.7.1　复杂的选择结构

当解决一个问题时，进行程序判断次数超过 3 时，就可以使用复杂的选择结构，其形式如图 1-12 所示。

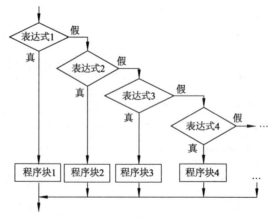

图 1-12　复杂的选择结构

对于【课堂案例 1-5】，学生成绩的区分段有 5 段，要输出学生的成绩等级，需要进行 4 次判断才能确定学生成绩的等级，所以解决该问题，需要采用复杂的选择结构。

1.7.2 绘制程序流程图

通过对【课堂案例 1-5】的分析，绘制的程序流程图如图 1-13 所示。

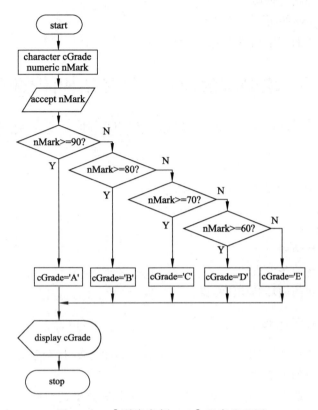

图 1-13 【课堂案例 1-5】程序流程图

在上述流程图中，变量 cGrade 表示学生成绩的等级，nMark 表示学生的成绩。"nMark>=80" 这个条件表达式是在 "nMark>=90" 的"假"分支下面。所以它实际上表示的含义是 "nMark<90 and nMark>=80"。

课堂实践 1-5

【任务 1】绘制程序流程图：求 $ax^2+bx+c=0$ 方程的解。

该方程有以下几种可能：

（1） a=0，不是二次方程。

（2） $b^2-4ac=0$，有两个相等实根。

（3） $b^2-4ac>0$，有两个不等实根。

（4） $b^2-4ac<0$，有两个共轭复根。

【任务 2】绘制程序流程图：运输公司对用户计算运费，距离（s）越远，每千米运费越低。折扣标准如下：

s <250   没有折扣

250≤s<500   2%的折扣

$500 \leqslant s < 1\ 000$　　　5%的折扣

$1000 \leqslant s < 2\ 000$　　8%的折扣

$2000 \leqslant s < 3\ 000$　　10%的折扣

$s \geqslant 3\ 000$　　　　　15%的折扣

设每千米每吨货物的基本运费为 p，货重为 w，折扣为 d，求总运费 f。

1.8　绘制次数固定的循环结构流程图

【课堂案例1-6】绘制程序流程图：求 $1+2+3+\cdots+100$ 的值。

【案例学习目标】

- 掌握循环的概念。
- 掌握绘制次数固定的循环结构流程图。

【案例知识要点】循环、循环次数和循环条件。

【案例完成步骤】

（1）初步认识循环结构。

（2）构造循环结构的条件表达式。

（3）绘制次数固定的循环结构流程图。

1.8.1　初步认识循环结构

计算机的一个重要特征是具备重复执行一串指令的能力。计算机的这种能力，可以让用户具有控制重复执行任务的灵活性。

下面举一个例子：必须接收 10 个数，求出它们的和并显示其结果。为求解此问题，可以声明 10 个变量，然后求出它们的和。如果必须接收 100 个数并求出它们的和，那应该怎样做呢？

接收数的任务是重复的。求解这种问题，可以使用循环。循环就是在计算机中重复地执行一串指令。根据循环的次数是否固定可分为两类循环：固定循环和可变循环。固定循环是指重复次数已知的循环，而可变循环是指重复次数未知的循环。

对于【课堂案例1-6】，构造前 100 个自然数相加的表达式很复杂，但这 100 个自然数相加是有规律的，我们可以先设计一个变量 nSum 用来保存这 100 个自然数的和并初始化该变量的值为 0，先把 1 加到 nSum 中，再把 2 加到 nSum 中，依此类推，直到把 100 加到 nSum 中。刚才的分析就用到了循环的思路。对于该问题，用循环思路解决它是比较简单的。

1.8.2　构造循环结构的条件表达式

在设计程序的时候，构造循环条件表达式很重要。因为不能让计算机无限地执行下去，所以需要构造条件表达式终止循环。

对于【课堂案例1-6】，可以设计一个计数器变量 nCount，并初始化该变量的值为 1。变量 nSum 每加一个自然数，计数器 nCount 增加 1。因为只能累加 100 个自然数，所以 nCount 的值不能超过 100。所以，可以构造循环条件表达式"nCount<=100"，当条件表达式的结果为真的时候，继续循环；当表达式的结果为假的时候，终止循环。

1.8.3　绘制次数固定的循环结构流程图

通过对【课堂案例1-6】的分析，绘制的程序流程图如图1-14所示。

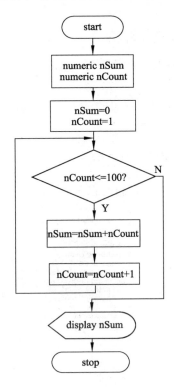

图1-14　【课堂案例1-6】程序流程图

在上述流程图中，"nCount=nCount+1"这个表达式就是实现计数器变量加 1 的语句，也是使循环趋向结束的语句。在绘制流程图时，使循环趋向结束的语句很重要，否则会造成死循环，即无限次数的循环。

课堂实践1-6

【任务 1】绘制程序流程图：求 $1!+2!+\cdots+n!$ 的值。

【任务 2】绘制程序流程图：有一分数序列 $\dfrac{2}{1},\dfrac{3}{2},\dfrac{5}{3}\cdots$ 求出这个分数序列前 20 项之和。

1.9　绘制次数可变的循环结构流程图

【课堂案例1-7】绘制程序流程图：在学生成绩管理系统中，要求输入学生的信息并显示，当用户输入 Y 或 y 时继续输入，其他情况退出输入。学生的信息包括学生的学号、姓名、出生年月、性别、入学时间、家庭地址、联系电话和备注。

【案例学习目标】掌握绘制次数可变的循环结构流程图。

【案例知识要点】次数可变的循环结构流程图。

【案例完成步骤】

（1）初步认识次数可变的循环结构。

（2）绘制次数可变的循环结构流程图。

1.9.1　初步认识次数可变的循环结构

在程序中，不能确定重复次数的循环称为可变循环。退出可变循环结构最常用的方法就是通过接收键盘字符来实现。

对于【课堂案例 1-7】，接收 Y 或 y 就继续输入，否则就退出输入，所以可以使用次数可变的循环结构。

1.9.2　绘制次数可变的循环结构流程图

通过对【课堂案例 1-7】的分析，绘制的程序流程图如图 1-15 所示。

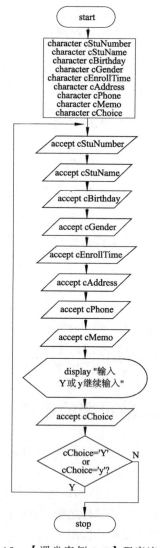

图 1-15　【课堂案例 1-7】程序流程图

在上述流程图中，变量 cStuNumber 表示学生的学号，cStuName 表示学生的姓名，cBirthday 表示出生年月，cGender 表示性别，cEnrollTime 表示入学日期，cAddress 表示联系地址，cPhone 表示联系电话，cMemo 表示备注，cChoice 表示是否继续输入。比较【课堂案例 1-6】和【课堂案例 1-7】可以发现，【课堂案例 1-6】是先对循环表达式进行判断确定是否进行循环，而【课堂案例 1-7】是后对循环表达式进行判断确定是否循环。对于先判断的循环，如果表达式的结果一开始就为假，则一次循环都不执行；对于后判断的循环，即使表达式的结果一开始就为假，也至少会执行一次循环。

课堂实践 1-7

【任务 1】绘制程序流程图：用迭代法求 $x=\sqrt{a}$。求平方根的迭代公式为：

$$x_{n+1}=\frac{1}{2}\left(x_n+\frac{a}{x_n}\right)$$

要求前后两次求出的 x 的绝对值小于 10^{-5}。

【任务 2】绘制程序流程图：在学生成绩管理系统中，要求输入学生的成绩信息并显示，当用户输入 Y 或 y 时继续输入，其他情况退出输入。学生的成绩信息包括学生的学号、课程号和课程成绩。

1.10 绘制内嵌的循环结构流程图

【课堂案例 1-8】绘制程序流程图：求 100～200 之间的所有素数并输出。判断一个数 m 是否是素数采用的算法如下：让 m 被 2～$\sqrt{m}$ 的整数区间的任何一个整数除，如果 m 被 2～$\sqrt{m}$ 之中任何一个整数整除，则提前结束循环，此时计数器 i 必然小于等于 $\sqrt{m}$ 的整数部分；如果 m 不能被 2～$\sqrt{m}$ 之中任何一个整数整除，则 m 是素数，在完成最后一次循环后，i 要加 1，然后终止循环。这时候 i 的值为 $\sqrt{m}$ 的整数部分加 1。

【案例学习目标】掌握绘制内嵌的循环结构流程图。

【案例知识要点】内嵌的循环结构。

【案例完成步骤】

（1）初步认识内嵌的循环结构。

（2）绘制内嵌的循环结构流程图。

1.10.1 初步认识内嵌的循环结构

程序中，在一个循环中内嵌一个完整的循环结构，这种结构称为内嵌的循环结构。

对于【课堂案例 1-8】，当判断一个数是否为素数要用到循环结构，求 100～200 之间的所有素数又要用到另一重循环结构，所以解决该问题要用到内嵌的循环结构。

1.10.2 绘制内嵌的循环结构流程图

通过对【课堂案例 1-8】的分析，绘制的程序流程图如图 1-16 所示。

在该流程图中，变量 nNum 表示 100～200 之间的数，nSqrt 表示 $\sqrt{nNum}$ 的整数部分，nCount 表示 2～nSqrt 之间的数。从流程图明显可以看出，在一个循环结构中内嵌了一重循环，所以解决该问题用到了内嵌的循环结构。

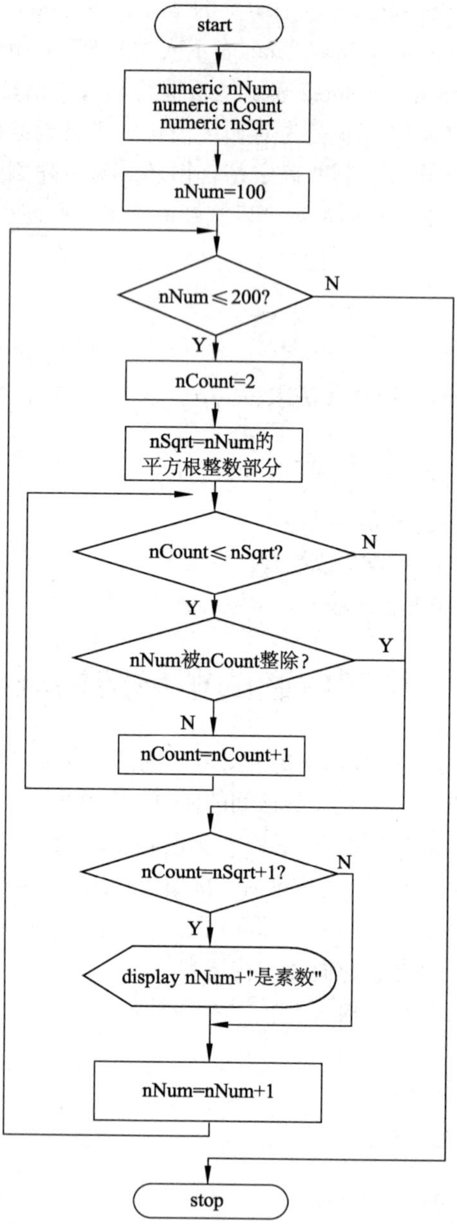

```
start
    │
numeric nNum
numeric nCount
numeric nSqrt
    │
nNum=100
    │
nNum≤200? ──N──→
    │Y
nCount=2
    │
nSqrt=nNum的
平方根整数部分
    │
nCount≤nSqrt? ──N──→
    │Y
nNum被nCount整除? ──Y──→
    │N
nCount=nCount+1
    │
nCount=nSqrt+1? ──N──→
    │Y
display nNum+"是素数"
    │
nNum=nNum+1
    │
stop
```

图 1-16　【课堂案例 1-8】程序流程图

课堂实践 1-8

　　【任务 1】绘制程序流程图：一个数如果恰好等于它的因子之和，这个数就称为"完数"。例如，6 的因子为 1、2、3，并且 6=1+2+3，因此 6 是"完数"。输出 1 000 以内的所有完数。

　　【任务 2】绘制程序流程图：两个乒乓球队进行比赛，各出 3 人，甲队为 A、B、C 三人，乙队为 X、Y、Z 三人。已抽签决定比赛的对阵名单。有人向队员打听比赛的对阵名单，A 说他不和 X 比，C 说他不和 X、Z 比，找出三对赛手的对阵名单。

1.11 绘制使用模块的流程图

【**课堂案例 1-9**】绘制程序流程图：每位学生参加三门课程的考试，每门课程的考试分数在 100 以内，计算并显示每位学生的平均分数。

【**案例学习目标**】掌握使用模块的流程图。

【**案例知识要点**】模块和模块化。

【**案例完成步骤**】

（1）初步认识模块。

（2）绘制使用模块的流程图。

1.11.1 初步认识模块

由于系统需求的变动，程序也必须要定期被修改，这就要求能很清晰地理解程序的逻辑，否则可能无从下手。采用模块化技术能很清晰地划分程序逻辑。模块就是把长的、连续的程序分解成一组相联系的程序块，每一程序块称为模块。在现实生活中，几乎所有的应用程序都能被设计为一些小模块的集合，这些模块是完整的，并可通过主程序加以集成。主程序可以调用每个模块。在完成某一模块任务后，控制返回到主程序的下一条指令。

对于【课堂案例 1-9】，不使用模块化技术完全可以解决问题，但考虑到程序的可读性和易修改性，我们使用模块化技术。在实现的时候把接收学生成绩设计成一个模块，把计算学生平均成绩设计成另一个模块，然后在主模块中调用这两个模块。

1.11.2 绘制使用模块的流程图

通过对【课堂案例 1-9】的分析，绘制的程序流程图如图 1-17～图 1-19 所示。

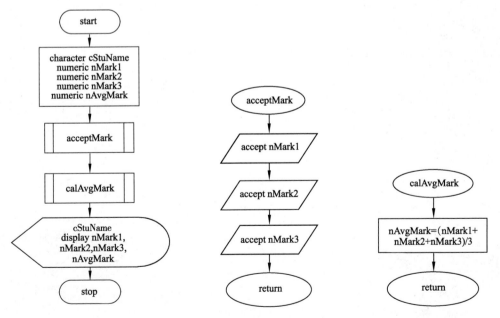

图 1-17 主模块流程图　图 1-18 接收成绩模块流程图　图 1-19 求平均成绩模块流程图

　　在上述流程图中，变量 cStuName 表示学生的姓名，nMark1、nMark2、nMark3 表示学生三门课程的成绩，nAvgMark 表示学生的平均成绩。定义了两个模块，acceptMark 模块表示接收学生的成绩，calAvgMark 模块表示计算学生的平均成绩。在主程序中调用了这两个模块。

课堂实践 1-9

　　【任务 1】绘制程序流程图：使用模块化技术求解 100～200 中的所有素数。

　　【任务 2】绘制程序流程图：一个班级有 20 名学生，每位学生参加三门课程的考试，每门考试分数在 100 分之内。计算并显示每名学生的平均分数。（提示：使用模块化技术。）

思考与练习

一、填空题

1. 计算机指令是＿＿＿＿＿＿。

2. 计算机执行的活动遵循＿＿＿＿＿、＿＿＿＿＿、＿＿＿＿＿周期。

3. 在计算机程序中，其值可以改变的量称为＿＿＿＿＿，其值不能改变的量称为＿＿＿＿＿。

4. 在程序流程图中，用＿＿＿＿＿表示数字数据类型，用＿＿＿＿＿表示字符数据类型，用＿＿＿＿＿表示布尔数据类型。

二、简答题

1. 什么是程序？

2. 变量命名应遵循哪些规则？

3. 使用模块化技术有什么优点？

第②章

Visual C#概述

本章主要介绍 Visual Studio.NET 开发平台和 C#语言的相关知识，并通过创建一个简单的 C#应用程序，使读者掌握编辑、编译和运行 C#程序的过程，为学习 C#程序奠定基础。学习本章后要达到如下 3 个学习目标：

学习目标	☑ 了解 Visual Studio.NET 平台的组成和主要优点。
	☑ 了解 C#语言的发展历史和主要优点。
	☑ 掌握编辑、编译和运行 C#应用程序。

2.1 Visual Studio .NET 和 C#简介

1. Visual Studio .NET 简介

2000 年 6 月 22 日，微软公司正式推出了 Visual Studio .NET（简称.NET）下一代互联网软件和服务战略，2002 年 2 月，微软公司发布了.NET 正式版。.NET 是目前较流行的开发平台之一，它提供了用于开发和部署应用程序的完整套件，包括.NET 产品、.NET 服务和.NET 架构。

（1）.NET 产品：开发人员通过使用.NET 平台下的 Visual Basic、Visual C#、Visual C++等编程语言，能够创建彼此无缝交互的应用程序。

（2）.NET 服务：.NET 可以帮助用户开发像 Web 服务这样的软件。Web 服务是一种标准的因特网协议，如超文本传输协议（HTTP）和简单对象访问协议（SOAP）。用户只要订购了这些服务，就可以使用这些服务，而不需要考虑硬件和软件平台。

（3）.NET 框架：.NET 框架（.NET Framework）是进行设计、开发及部署应用程序的标准。引入它的目的是为了增强应用程序的互操作性。.NET 的框架集成了各种编程语言和服务。使用它可以显著改善代码重用、资源管理、多语言开发、安全性。它的一致性和简单开发模式使得创建一个好的应用变得更加容易。

.NET 的主要优点：

（1）提供了快速开发的高效工具。.NET 提供了一个统一的、紧密集成的、可视化的编程环境，缩短了学习时间，简化了开发应用程序的过程。

（2）提供了 XML 和 Web Services 来简化分布式计算。Web Services 借助标准的 Internet 协议在网络上调用业务逻辑，XML 把实现各种功能所需参数的格式进行统一，这样使得对 Web Services 的访问可以使用任何一种语言、使用任何组件并在任一操作系统上实现。

（3）提供了快速构建中间层的业务组件。.NET 提供了丰富的组件，可方便、快捷地实现各种业务逻辑。

（4）提供了构建可靠的可伸缩解决方案。通过.NET，用户可以非常轻松地创建具有自动伸缩能力的且可靠的应用程序和组件。

2．C#简介

C#是一种面向对象的编程语言，是 Visual Studio 开发平台中的一部分。C#（发音为 "C-Sharp"）既保持了 C++的语法，又包含了大量的高效代码和面向对象特性，功能强大，目前已被广泛运用于编写各种应用程序。

C#是从 C 和 C++派生而来，继承了它们的一些特性，并加入了很多新特性。这些特性使得 C#语言更加容易使用，更具优越性。

C#语言的主要优点：

（1）简单。微软公司在设计 C#语言时力求简单，尽量把一些复杂的东西，如宏、模板、多重继承统统消除。

（2）面向对象。C#是一种面向对象的编程语言，支持面向对象的特征，如封装性、继承性和多态性。

（3）强大灵活。使用 C#编程，用户几乎没有任何约束，可以创建图形、电子表格、管理信息系统，甚至其他语言的编译器。

（4）类型安全。C#去掉了指针，这从根本上保证了程序的稳定性和类型安全。

（5）兼容性强。C#允许访问不同的 API，它可以与 Windows 的以下几种传统服务交互：

- 支持对 C 语言形式的 API（DLL）的交互。
- 支持对传统的 COM 对象的访问。
- 支持对所有的 OLE 特性。

2.2　创建一个简单的 C#应用程序

【课堂案例 2-1】编写程序：显示一行"欢迎进入学生成绩管理系统"的文字。

【案例学习目标】

- 掌握编辑 C#应用程序代码。
- 掌握编译和运行 C#应用程序。

【案例知识要点】编辑、编译和运行。

【案例完成步骤】

（1）编辑 C#应用程序。

（2）编译 C#应用程序。

（3）运行 C#应用程序。

2.2.1　编辑 C#应用程序

编辑 C#应用程序的工具有很多，功能最强大的就是使用.NET 的集成开发工具。考虑作为一名初学者，为了更清楚地了解 C#的代码，所以现在使用最容易获取的编辑工具——记事本。

对于【课堂案例 2-1】，执行如下步骤：

（1）在 F 盘下创建 CSharpSource 子文件夹，在 CSharpSource 文件夹下再创建 chap02 子文件夹。（如果没有 F 盘，也可以把文件夹创建在其他磁盘上。）

（2）在记事本中书写如下代码：

【程序代码】 example2-1.cs

```
1  using System;
2  class program
3  {
4      static void Main(string[] args)
5      {
6          Console.WriteLine("欢迎进入学生成绩管理系统");
7      }
8  }
```

（3）将文件保存到 chap02 文件夹下，并命名为 example2-1.cs。

> **注意**：C#的源代码文件的扩展名为 "cs"，所以在用记事本保存文件的时候，文件的扩展名必须为 "cs"。

【程序说明】

第 1 行：using 是关键字，关键字是系统保留的字，有特殊的用途，它们不能在程序中用作标识符，除非它们有一个@前缀。例如，@using 是一个合法的标识符。在 C#中要用到的关键字如表 2-1 所示。System 是命名空间。一个典型的 C#应用程序第一条语句就是 "using System"。

第 2 行：class 是关键字，表示定义了一个类，类的名称是 program。

第 3 行、第 5 行、第 7 行和第 8 行：在 C#中，大括号 "{" 和 "}" 是一个范围标志，是组织代码的一种方式，用于标识应用程序在程序逻辑上有紧密联系的一段代码的开始和结束。大括号一定要配对使用。

第 4 行：关键字 Main 是一个方法，是应用程序的入口。一个应用程序只能有一个 Main 方法，Main 要放在类中。static 和 void 也是关键字，在 Main 方法前通常要有这两个关键字。

第 6 行：Console.WriteLine 是个系统方法，表示显示输出。

表 2-1　C#中的关键字

abstract	as	base	bool	break	byte	case	catch	char	checked
class	const	continue	decimal	default	delegate	do	double	else	enum
event	explicit	extern	false	finally	fixed	float	for	foreach	goto
if	implicit	in	int	interface	internal	is	lock	long	namespace
new	null	object	operator	out	override	params	private	protected	public
readonly	ref	return	sbyte	sealed	short	sizeof	stackalloc	static	string
struct	switch	this	throw	true	try	typeof	uint	ulong	unchecked
unsafe	ushort	using	virtual	volatile	void	while	—	—	—

书写 C#应用程序应注意的事项

（1）语句：语句是应用程序中执行操作的指令，在 C#中要以分号";"结束。

（2）缩进：缩进用于表示代码的结构层次，是体现程序良好风格的因素，如 example2-1.cs 的代码就用到了缩进，Main 方法相对于 class 向右缩进了 3 个字符。在编写代码时，通过按【Tab】键来实现缩进。

（3）字母大小写：C#是严格区分大小写的，它会把同一个字母的大小写当做两个不同的字符看待，如 example2-1.cs 代码中的"Main"不能写成"main"。

（4）注释：代码中的注释对代码起解释说明的作用。为了增强程序的可读性和可维护性，在程序中加入注释是必要的。C#中有两种注释：单行注释和多行注释，单行注释用"//"，多行注释以"/*"开始，以"*/"结束。例如：

单行注释如下：

```
Console.WriteLine("欢迎进入学生成绩管理系统");
//在屏幕上输出"欢迎进入学生成绩管理系统"
```

多行注释如下：

```
/***************************************************/
/* 功能：实现屏幕输出                              */
/*作者：张三                                      */
/*完成时间：2008-09-08                            */
/***************************************************/
```

2.2.2　编译 C#应用程序

编写好 C#应用程序后，下一步就是对源代码进行编译。由于计算机并不能直接识别用户编写的源代码，所以需要把这些源代码转换成计算机能识别的代码，这个过程称为编译。完成编译的工具称为编译器。编译器是一个特殊的程序，它专门处理用某种特定编程语言编写的源代码，并把它们翻译成计算机能识别的机器语言。C#语言有一个专门的编译器 csc，使用它可以编译 C#源代码。运行 C#编译器的格式如下：

```
csc [C#源代码文件]
```

对于【课堂案例 2-1】，编译源代码的执行过程如下：

（1）选择"开始→所有程序→Microsoft Visual Studio 2015→Visual Studio Tools→VS 2015 开发人员命令提示"命令，打开"VS 2015 开发人员命令提示"窗口。

（2）在"VS 2015 开发人员命令提示"窗口中转到保存源代码文件的位置。

（3）输入命令：

```
csc example2-1.cs
```

如果源代码没有错误，系统就会成功地对源代码进行编译，产生计算机能识别的源代码，并在源代码文件夹中产生一个名称为"example2-1.exe"的可执行文件。

2.2.3　运行 C#应用程序

对源代码成功编译后，就可以运行程序了。

对于【课堂案例 2-1】，运行该程序的过程是：在"VS 2015 开发人员命令提示"窗口中，输入如下命令：

    Example2-1.exe 或 example2-1

就会出现执行该程序的窗口，编译运行程序如图 2-1 所示。

图 2-1 编译运行 C#应用程序

课堂实践 2-1

【任务 1】编写一个 C#应用程序，显示一行文字"hello world"。

【任务 2】编写一个 C#应用程序，显示一行文字"欢迎使用学生成绩管理系统！"。

思考与练习

一、填空题

1. C#是一种_____语言。

2. _____方法是应用程序的入口。

3. 要执行一个 C#应用程序，需要经过_____、_____和_____。

4. C#的编译器是_____。

5. C#的语句要以_____结束。

6. C#的注释可以分为_____和_____。

7. C#中的大括号用于_____。

二、选择题

1. 一个 C#应用程序的执行是从（　　　　）。

  A. 本程序的 Main 方法开始，到 Main 方法结束

  B. 本程序文件的第一个语句开始，到本程序文件的最后一个语句结束

  C. 本程序的 Main 方法开始，到本程序文件的最后一个语句结束

2. 以下叙述正确的是（　　　　）。

A．在对一个 C#应用程序进行编译的过程中，可发现注释中的拼写错误

B．C#应用程序并不严格区分代码的大小写

C．C#应用程序的语句以分号结束

三、简答题

1．简述 C#语言的特点。

2．简述.NET 的优越性。

3．在 C#中，使用关键字有什么要求？

第3章

变量和常量

本章主要介绍 C#中的数据类型、变量、常量、控制台的输入/输出，以及数据类型的转换等知识，为编写 C#应用程序奠定基础。学习本章后要达到如下 6 个学习目标：

学习目标	☑ 熟悉常用的数据类型。 ☑ 熟悉变量的定义和使用。 ☑ 掌握控制台的输入/输出。 ☑ 了解变量的作用域和生命周期。 ☑ 熟悉常量的类型和使用。 ☑ 熟悉数据类型转换的方法。

3.1 数 据 类 型

【课堂案例 3-1】在学生成绩管理系统中，学生的信息包括学生的学号、姓名、出生年月、性别、入学时间、家庭地址、联系电话和备注，确定管理学生信息需要使用的数据类型。

【案例学习目标】
- 了解 C#中数据类型的分类。
- 掌握 C#中常用的数据类型。

【案例知识要点】数据类型：值类型、引用类型和指针类型。

【案例完成步骤】

（1）初步认识 C#中的数据类型。

（2）确定需要使用的数据类型。

3.1.1 初步认识 C#中的数据类型

计算机在处理数据时，不同类型的数据所需的存储空间是不同的，所以在编写程序时需要定义数据的类型。

在 C#中，数据类型分为三类：值类型、引用类型和指针类型。值类型的变量直接包含值，将一个值类型变量赋给另一个值类型变量时，只复制包含的值。引用类型变量与值类型变量的赋值不同，引用类型变量的赋值只复制对象的引用，而不复制对象本身。考虑数据的安全性，指针类型在 C#中很少被使用，所以这里不做介绍。C#的数据类型可按图 3-1 所示的组织结构图进行划分。

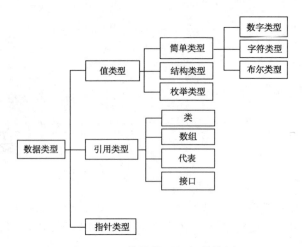

图 3-1　C#数据类型组织结构图

1. 数字类型

数字类型包含整数类型和实数类型两种。整数类型不带小数，而实数类型带小数。数学上的数字的值可以从负无穷大到正无穷大，但是由于计算机的存储单元有限，所以计算机语言提供的数字类型的值总是在一定的范围之内。

（1）整数类型。整数类型分为有符号整数和无符号整数。有符号整数可以带正、负号，包括 sbyte（有符号字节型）、short（短整型）、int（整型）、long（长整型）。无符号整数为正数，包括 byte（字节型）、ushort（无符号短整型）、uint（无符号整型）、ulong（无符号长整型）。整数类型详细说明如表 3-1 所示。

表 3-1　整数数据类型

数据类型	存储大小	范　围
byte	1 byte	0～255 之间的整数
ushort	2 byte	0～65 535 之间的整数
uint	4 byte	0～4 294 967 295 之间的整数
ulong	8 byte	0～18 446 744 073 709 551 615 之间的整数
sbyte	1 byte	−128～127 之间的整数
short	2 byte	−32 768～32 767 之间的整数
int	4 byte	−2 147 483 648～2 147 483 647 之间的整数
long	8 byte	−9 223 372 036 854 775 808～−9 223 372 036 854 775 807 之间的整数

（2）实数类型。实数类型包括 float（单精度浮点型）、double（双精度浮点型）和 decimal（十进制型），其详细说明如表 3-2 所示。

表 3-2　实数数据类型

数　据　类　型	存　储　大　小	大　致　范　围	精　度
float	4 byte	±1.5e−45～±3.4e38	7 位
double	8 byte	±5.0e−324～±1.7e308	15～16 位
decimal	16 byte	±1.0×10e−2～±7.9×10e28	28～29 位有效位

2. 字符类型

字符类型用 char 关键字表示，用于声明一个 Unicode 字符。Unicode 字符是 16 位字符编码，用于表示世界上多数已知的书面语言。字符类型详细说明如表 3-3 所示。

表 3-3 字符类型

数 据 类 型	范　　围	大　　　　　小
char	U+0000～U+ffff	16 位 Unicode 字符

> 说明："Unicode 标准"是用于字符和文本的通用字符编码方案。它为世界上的书面语言中使用的每一个字符赋予唯一的一个数值（称为码位）和名称。

3. 布尔类型

布尔类型（bool）表示布尔逻辑量。bool 的数据值只能是"True（真）"和"False（假）"。

4. 结构类型

有时，在处理一些实际信息时，使用一种数据类型还表示不了它们，因为这种信息是由不同类型的数据组合在一起进行描述的，对于这种数据可以使用结构类型来定义。结构类型通常用来封装小型相关变量组，在 C#中采用 struct 来声明。例如，定义学生的结构类型：

```
struct student {
    public string sStuNumber;
    public string sStuName;
    public string sBirthday;
    public string sGender;
    public string sClass;
    public string sAddress;
    public string sPhone;
    public string sMobile;
    public string sMemo;
}
student stu;
```

student 表示一个用户定义的结构类型，public 表示对结构类型成员的访问权限为公有的，后面的章节会对 public 进行详细讲解。sStuNumber、sStuName 等表示结构的成员。stu 表示结构类型 student 变量。

对结构成员的访问是通过结构变量名加上访问符"."以及成员名称实现，例如：

```
p.name="张三";
```

在定义结构类型的时候，可以把一个结构类型作为另一个结构成员的类型。例如，对上面定义的 student 结构类型重新定义：

```
struct student {
    public string sStuNumber;
    public string sStuName;
    public string sBirthday;
    public string sGender;
    public string sClass;
    public struct sAddress
    {
        public string city;
```

```
        public string street;
        public string number;
    }
    public string sPhone;
    public string sMobile;
    public string sMemo;
}
```

5. 枚举类型

枚举类型使用 enum 关键字来声明，即由一组称为枚举数列表的命名常数组成的独特类型。在定义枚举类型的时候，需要把数据一一列举出来。定义的形式如下：

enum 枚举类型名{数据1，数据2，…，数据n};

每种枚举类型都有基础类型，该类型可以是除 char 以外的任何整型。枚举元素的默认基础类型为 int。默认情况下，第一个枚举数的值为 0，后面每个枚举数的值依次递增 1。

例如，定义一个名为 Days 的表示星期的枚举类型：

```
enum Days {
    Sun,Mon,Tue,Wed,Thu,Fri,Sat
};
```

按照系统的默认设置，枚举中的每个元素类型都是 int 型，且第一个元素的值为 0，后面元素的值依次为 1，2，3…当然用户也可以直接给元素赋值，例如：

```
enum Days {
    Sun=1,Mon,Tue,Wed,Thu,Fri,Sat
};
```

这样，就把 Sun 的值设为 1，其后面的元素值将在此基础上依次加 1。

访问枚举成员使用成员运算符 "."，其格式如下：

枚举名.枚举成员名;

例如：要访问 Days 中的 Mon 元素，其代码如下：

```
Days.Mon
```

6. 类

有关类的知识在后面的章节中讲解，下面介绍两个常用的内置引用类型。

（1）对象类型。对象类型使用 object 关键字，object 在.NET Framework 中是 Object 的别名。在 C#的统一类型系统中，所有类型（预定义类型、用户定义类型、引用类型和值类型）都是直接或间接从 object 继承的。可以将任何类型的值赋给 object 类型的变量。

（2）字符串类型。字符串类型使用 string 关键字，string 类型表示零或更多 Unicode 字符组成的序列，是.NET Framework 中 String 的别名。字符串类型详细说明如表 3-4 所示。

表 3-4　字符串类型

数 据 类 型	范　　围	大　　　　　　　　　小
String	可变长度	任意长度的 Unicode 字符序列

3.1.2　确定需要使用的数据类型

对于【课堂案例 3-1】，学生基本信息中的每一项都是由字符数据序列组成的，并且数据项的长度也不能确定，所以把学生基本信息的每一项都定义成 string 类型。

课堂实践 3-1

【任务 1】在学生成绩管理系统中，课程信息包括课程编号、课程名称、学时、考核方式和任课教师，考核方式分为笔试和机试两种。确定课程信息中各项数据需要使用的数据类型。

【任务 2】在学生成绩管理系统中，学生成绩信息包括学生的学号、课程号和学生的成绩。确定学生成绩信息中各项数据需要使用的数据类型。

3.2　变　　量

【课堂案例 3-2】在学生成绩管理系统中，学生信息包括学生的学号、姓名、出生年月、性别、入学时间、家庭地址、联系电话和备注，定义学生信息中各项数据的变量。

【案例学习目标】

- 掌握声明变量的方法。
- 掌握给变量赋值的方法。
- 掌握变量的初始化。

【案例知识要点】声明变量、变量赋值和变量初始化。

【案例完成步骤】

（1）如何使用变量。

（2）确定需要使用的变量。

3.2.1　如何使用变量

在使用变量的过程中，首先需要声明变量，然后才能对变量赋值或执行其他操作。

1. 声明变量

在 C#中使用变量之前，必须要确定变量的数据类型，这个过程称为声名变量。声明变量的格式为：

```
数据类型 变量名列表；
```

例如：

```
int iAge;                    //声明一个整型变量
long lAmount;                //声明一个长整形变量
float fWidth;                //声明一个单精度变量
double dMark;                //声明一个双精度变量
char cGrade;                 //声明一个字符变量
string sStuName;             //声明一个字符串变量
bool bIsPass;                //声明一个布尔型变量
Days eDay;                   //前面定义了枚举类型 Days，声明一个枚举型变量 eDay
int iNum1,iNum2,iNum3;       //一次声明多个变量
student stu;                 //前面定义了结构变量 student，声明一个结构变量 stu
```

2. 给变量赋值

变量声明好之后，就可以给变量赋值了，变量赋值的格式如下：

```
变量名=表达式；
```

不同类型的变量赋值方法不同。对于数值变量，通常是把一个数字数据赋过去；对于字符

变量，需要把字符用英文单引号括起来再赋过去；对于字符串变量，需要把字符序列用英文双引号括起来再赋过去。

下面通过例子来说明不同类型的变量赋值的方法。

```
iAge=30;
long lAmount=123456;
fWidth=34.5f;                  //给单精度变量赋值时需要在数字后面加 f 或 F
dMark=2345.6;
//给字符变量赋值用英文单引号括起来，由于字符类型有两个字节的长度，也可以赋值一个汉字字符
cGrade='A';
sStuName="张三";               //给字符串变量赋值用英文双引号括起来
bIsPass=true;                  //布尔型变量的赋值为 true 或 false
eDay=Days.Mon                  //把一个枚举值赋给一个枚举变量
stu.sStuNumber="2007090100001"//给结构变量的成员赋值使用成员运算符 "."
```

3．变量的初始化

在定义变量的同时对变量赋值，称为变量的初始化。格式如下：

数据类型 变量名=表达式；

例如：

```
int iCount=0;                  //定义一个变量并初始化
int iNum1=1,iNum2=2,iNum3=3;   //一次性定义多个变量并初始化
```

3.2.2 确定需要使用的变量

对于【课堂案例 3-2】，在【课堂案例 3-1】中已确定了学生信息中各数据项的数据类型，根据声明变量的格式，需要声明的变量如下：

```
string sStuNumber;             //学号
string sStuName;               //姓名
string sBirthday;              //出生年月
string sGender;                //性别
string sEnrollTime;            //入学日期
string sClass;                 //班级
string sAddress;               //联系地址
string sPhone;                 //联系电话
string sMobile;                //移动电话
string sMemo;                  //备注
```

从上面变量声明的过程可以看出，第一个字母表示数据的类型，后面取英文名称或英文名称的组合，如果组合太长，则用缩写。这样做的好处是见其名知其义。

标志符

在程序设计中，用来标志变量名、符号常量名、方法名、数组名、类名、文件名的有效字符序列称为标志符。简单地说，标志符就是一个名字。C#语言规定，标志符只能由字母、数字和下画线组成。

课堂实践 3-2

【任务 1】在学生成绩管理系统中，课程信息包括课程编号、课程名称、学时、考核方式和

任课教师，考核方式分为笔试和机试两种。定义课程信息中各项数据的变量。

【任务 2】在学生成绩管理系统中，学生成绩信息包括学生的学号、课程号和学生的成绩。定义学生成绩信息中各项数据的变量。

3.3　使用控制台的输入/输出

【课堂案例 3-3】在学生成绩管理系统中，学生信息包括学生的学号、姓名、出生年月、性别、入学时间、家庭地址、联系电话和备注，要求接收学生的信息并显示。

【案例学习目标】
- 掌握控制台的输入方法。
- 掌握控制台的输出方法。

【案例知识要点】控制台的输入和控制台的输出。

【案例完成步骤】

（1）初步认识控制台的输入/输出。

（2）实现应用程序。

3.3.1　初步认识控制台的输入/输出

计算机的处理过程遵循"输入—处理—输出"过程，输入、输出是程序中最基本的功能。

1. 控制台的输入

实现控制台输入有两个方法：Console.Read()和 Console.ReadLine()。

（1）Console.Read()方法。Read()方法从标准输入流读取下一个字符，并将接收的字符以 int 型值返回给变量。如果输入流中没有字符，则返回-1。如果输入了多个字符，Read()方法只返回用户输入的第一个字符。当然，如果用户想接收多个字符，可以使用循环来实现。

Read()方法的使用形如下：

```
int i=Console.Read();
```

由于 Read()方法返回的是一个数字，要获得该数字对应的字符，就需要用到强制转换。转换的语句如下：

```
char ch=(char)Console.Read();
```

例如，使用 Read()方法接收单个字符：

```
ex01.cs
using System;
using System;
class program
{
    static void Main(string[] arg)
    {
        int i;
        char ch;
        Console.WriteLine("请输入一个字符");
        i=Console.Read();
        ch=(char)i;
```

```
        Console.WriteLine(i);
        Console.WriteLine(ch);
    }
}
```

程序的运行结果如图 3-2 所示。

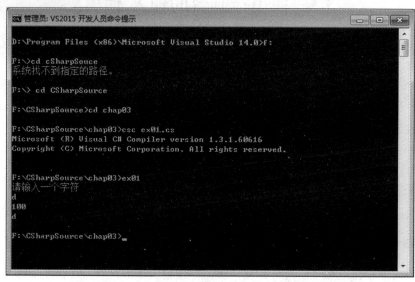

图 3-2　使用 Read()方法接收单个字符

（2）Console.ReadLine()方法。ReadLine()方法从标准输入流读取一行字符，直到遇到 Enter 键才返回读取的字符串。

ReadLine()方法的使用形式：

```
string str=Console.ReadLine();
```

例如，使用 ReadLine()方法接收一行字符：

```
ex02.cs
using System ;
using System;
class program
{
    static void Main(string[] arg)
    {
        string str;
        Console.WriteLine("请输入一行字符");
        str=Console.ReadLine();
        Console.WriteLine(str);
    }
}
```

程序的运行结果如图 3-3 所示。

2.　控制台的输出

实现控制台输出有 Console.Write()和 Console.WriteLine()两个方法。它们用来输出一个或多个值。它们之间的区别是：Write()后没有换行符，而 WriteLine()后有换行符。

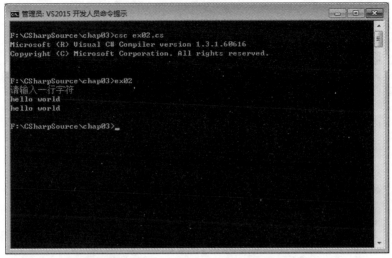

图 3-3 使用 ReadLine() 方法接收一行字符

（1）Console.Write() 方法。Write() 方法将指定值的文本表示形式写入标准输出流。

Write 的使用形式：

```
Console.Write()
```

或

```
Console.Write("格式串",参数表)
```

格式串包括静态文本和标志符，标志符代表由参数表所替换的项目数。标志符的简单形式是用大括号括起一个数，该数表示被替换的那个参数，例如：

```
"The value is {0}"                    //表示使用第一个参数
"The value is {0}、{1}、{2}"           //表示使用前 3 个参数
```

例如，使用 Write() 方法实现基本的输出：

```
ex03.cs
using System;
using System;
class program
{
    static void Main(string[] arg)
    {
        string sName;
        float fMark;
        sName="张三";
        fMark=87.5f;
        Console.Write("姓名:{0};成绩:{1}",sName,fMark);
    }
}
```

程序的运行结果如图 3-4 所示。

（2）Console.WriteLine() 方法。WriteLine() 方法将指定的数据（后跟当前行结束符）写入标准输出流。

WriteLine() 的使用形式：

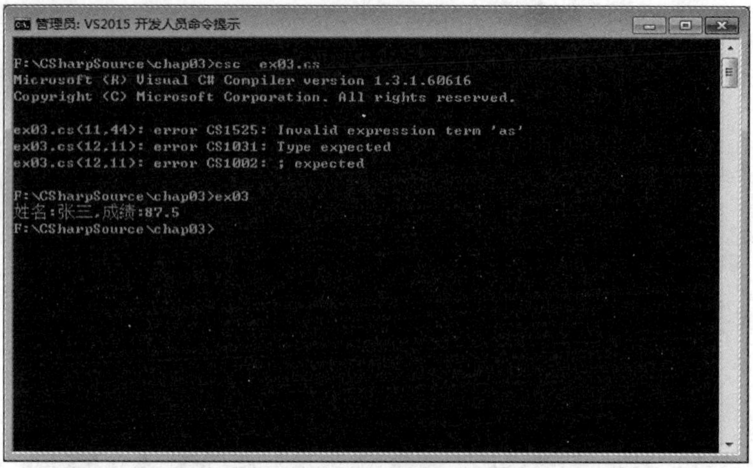

图 3-4　使用 Write()方法实现基本的输出

```
Console.WriteLine()
```

或

```
Console.WriteLine("格式串",参数表)
```

例如，用 WriteLine()方法实现基本的输出：

```
ex04.cs
using System;
using System;
class program
{
    static void Main(string[] arg)
    {
        string sName;
        float fMark;
        sName="张三";
        fMark=87.5f;
        Console.WriteLine("姓名:{0}",sName);
        Console.WriteLine("成绩:{0}",fMark);
    }
}
```

程序的运行结果如图 3-5 所示。

比较 ex03.cs 和 ex04.cs 两个程序的结果，看有什么区别。

根据对【课堂案例 3-3】分析，要实现输入采用如下代码：

```
sStuNumber=Console.ReadLine();
sStuName=Console.ReadLine();
sBirthday=Console.ReadLine();
sGender=Console.ReadLine();
sEnrollTime=Console.ReadLine();
sClass=Console.ReadLine();
sAddress=Console.ReadLine();
sPhone=Console.ReadLine();
sMobile=Console.ReadLine();
sMemo=Console.ReadLine();
```

图 3-5 使用 WriteLine()方法实现基本的输出

要实现输出采用如下代码：

```
Console.WriteLine("学号:{0}",sStuNumber);
Console.WriteLine("姓名:{0}",sStuName);
Console.WriteLine("出生年月:{0}",sBirthday);
Console.WriteLine("性别:{0}",sGender);
Console.WriteLine("入学日期:{0}",sEnrollTime);
Console.WriteLine("班级:{0}",sClass);
Console.WriteLine("联系地址:{0}",sAddress);
Console.WriteLine("联系电话:{0}",sPhone);
Console.WriteLine("手机:{0}",sMobile);
Console.WriteLine("备注:{0}",sMemo);
```

3.3.2 实现应用程序

对于【课堂案例 3-3】，执行以下步骤：

（1）在已创建的 CSharpSource 文件夹下再创建 chap03 子文件夹。

（2）在记事本中书写如下代码：

【程序代码】example3-1.cs

```
1  using System;
2  class program
3  {
4    static void Main(string[] args)
5    {
6      string sStuNumber;          //学号
7      string sStuName;            //姓名
8      string sBirthday;           //出生年月
9      string sGender;             //性别
10     string sEnrollTime;         //入学日期
11     string sClass;              //班级
12     string sAddress;            //联系地址
13     string sPhone;              //联系电话
14     string sMobile;             //移动电话
```

```
15          string sMemo;                    //备注
16          Console.WriteLine("请输入学生的基本资料:");
17          Console.Write("学号: ");
18          sStuNumber=Console.ReadLine();
19          Console.Write("姓名: ");
20          sStuName=Console.ReadLine();
21          Console.Write("出生年月: ");
22          sBirthday=Console.ReadLine();
23          Console.Write("性别: ");
24          sGender=Console.ReadLine();
25          Console.Write("入学日期: ");
26          sEnrollTime=Console.ReadLine();
27          Console.Write("班级: ");
28          sClass=Console.ReadLine();
29          Console.Write("联系地址: ");
30          sAddress=Console.ReadLine();
31          Console.Write("联系电话: ");
32          sPhone=Console.ReadLine();
33          Console.Write("手机: ");
34          sMobile=Console.ReadLine();
35          Console.Write("备注: ");
36          sMemo=Console.ReadLine();
37          Console.WriteLine("学生的详细资料为: ");
38          Console.WriteLine("学号:{0}",sStuNumber);
39          Console.WriteLine("姓名:{0}",sStuName);
40          Console.WriteLine("出生年月:{0}",sBirthday);
41          Console.WriteLine("性别:{0}",sGender);
42          Console.WriteLine("入学日期:{0}",sEnrollTime);
43          Console.WriteLine("班级:{0}",sClass);
44          Console.WriteLine("联系地址:{0}",sAddress);
45          Console.WriteLine("联系电话:{0}",sPhone);
46          Console.WriteLine("手机:{0}",sMobile);
47          Console.WriteLine("备注:{0}",sMemo);
48      }
49  }
```

（3）将文件保存到 chap03 文件夹下，并命名为 example3-1.cs。

（4）用 csc 对源代码进行编译并执行。

【程序说明】

① 第 6～15 行：定义程序所需的变量。

② 第 16 行：提示要输入学生的基本资料。

③ 第 17～36 行：提示并输入学生的各项基本资料。

④ 第 37 行：提示输出学生的基本资料。

⑤ 第 38～47 行：输出学生的各项基本资料。

课堂实践 3-3

【任务 1】 在学生成绩管理系统中，课程信息包括课程编号、课程名称、学时、考核方式和任课教师，考核方式分为笔试和机试两种。编写程序接收课程信息并显示。（说明，当要把一个数字字符串转化为整型数据时可使用 int.Parse()方法。）

【任务 2】在学生成绩管理系统中，学生成绩信息包括学生的学号、课程号和学生的成绩。编写程序接收学生成绩信息并显示。

3.4　变量的作用域和生存周期

【课堂案例 3-4】阅读下面的程序，找出程序中的错误并预测程序的输出。

```
1  using System;
2  class Program
3  {
4      static void Main(string[] args)
5      {
6          int x;
7          x=20;
8          if(x==20)
9          {
10             int y=10;
11             Console.WriteLine("x={0},y={1}",x,y);
12             x=y*3;
13         }
14          y=50;
15         Console.WriteLine("x={0}",x);
16      }
17  }
```

【案例学习目标】
- 掌握变量的作用域。
- 掌握变量的生命周期。

【案例知识要点】变量的作用域、变量的生命周期。

【案例完成步骤】

（1）确定变量的作用域。

（2）修改程序。

（3）预测程序的输出结果。

3.4.1　确定变量的作用域

作用域定义了一个变量的可见性和生存周期。程序中的一个块就定义了一个作用域，作用域内定义的变量对于作用域外部的代码是不可见的。变量在进入其作用域时被创建，即变量的生命周期开始，在离开其作用域时被释放，即生命周期终结，所以一个变量的生命周期被限制在它自身的作用域内。

作用域可以嵌套，外层作用域定义的变量对于内层作用域内的代码是可见的，但内层作用域内定义的变量对外层作用域的代码是不可见的。

对于【课堂案例 3-4】，第 6 行定义了变量 x，它的作用域在第 5 行至第 16 行的程序块内（称为块 1）；第 10 行定义了变量 y，它的作用域在第 9 行至第 13 行的块内（称为块 2），所以在第 14 行使用变量 y 是错误的。块 1 嵌套块 2，所以在块 2 中使用变量 x 是允许的。

3.4.2   修改程序

对于【课堂案例 3-4】，修改后程序如下：

```
1  using System;
2  class Program
3  {
4      static void Main(string[] args)
5      {
6          int x;
7          x=20;
8          if(x==20)
9          {
10             int y=10;
11             Console.WriteLine("x={0},y={1}",x,y);
12             x=y*3;
13          }
14          Console.WriteLine("x={0}",x);
15      }
16  }
```

3.4.3   预测程序的输出结果

对于【课堂案例 3-2】，通过分析，其程序的输出结果为：

```
x=20,y=10
x=60
```

课堂实践 3-4

阅读下面的程序，找出程序中的错误并确定程序的输出结果。

```
1  using System;
2  class Program
3  {
4      static void Main(string[] args)
5      {
6          int iNum1;
7          iNum1=5;
8          if(iNum1<=5)
9          {
10             int iNum2=20;
11             Console.WriteLine("iNum1={0},iNum2={1}",iNum1,iNum2);
12             iNum1=iNum2*5;
13          }
14          iNum2=100;
```

```
15          Console.WriteLine("iNum1={0},iNum2={1}",iNum1,iNum2);
16      }
17  }
```

3.5 常 量

【课堂案例 3-5】阅读下面的程序，判断常量的类型并输出程序的结果。

```
1  using System;
2  class Program
3  {
4      const double PI=3.14;
5      static void Main(string[] args)
6      {
7          int iNum1,iNum2;
8          long lNum;
9          float fNum;
10         double dNum;
11         double dArea,dRadius,dCircum;
12         decimal mNum;
13         char cCh1,cCh2;
14         string sStr;
15         iNum1=123;
16         iNum2=0x125;
17         lNum=456789L;
18         fNum=1.5f;
19         dNum=1.34e3;
20         dRadius=3.5d;
21         mNum=123456.789m;
22         cCh1='A';
23         cCh2='好';
24         sStr="Hello";
25         dArea=PI*dRadius*dRadius;
26         dCircum=2*PI*dRadius;
27         Console.WriteLine("iNum1={0}",iNum1);
28         Console.WriteLine("iNum2={0}",iNum2);
29         Console.WriteLine("lNum={0}",lNum);
30         Console.WriteLine("fNum={0}",fNum);
31         Console.WriteLine("dNum={0}",dNum);
32         Console.WriteLine("mNum={0}",mNum);
33         Console.WriteLine("cCh1={0}",cCh1);
34         Console.WriteLine("cCh2={0}",cCh2);
35         Console.WriteLine("sStr={0}",sStr);
36         Console.WriteLine("dArea={0}",dArea);
37         Console.WriteLine("dCircum={0}",dCircum);
38      }
39  }
```

【案例学习目标】
- 掌握各种类型的常量。
- 掌握常量的使用。

【案例知识要点】常量、直接常量和符号常量。

【案例完成步骤】
（1）了解常量的类型。
（2）输出程序的结果。

3.5.1 了解常量的类型

常量是在程序运行过程中其值保持不变的量。常量分为直接常量和符号常量两种。

1. 直接常量

直接常量根据不同的数据类型可以分为整型常量、实型常量、字符常量、字符串常量和布尔常量。

（1）整型常量。整型常量有两种形式：

十进制形式：即通常意义上的整数，如 123、456。

十六进制形式：输入十六进制整型常量，需要在数字前面加"0x"或"0X"，如 0x123、0X456。

（2）实型常量。实型常量有两种表现形式：

小数形式：即通常意义上的小数，如 0.123、1.24、.123。

指数形式：又称科学记数，由底数加 E 或 e 再加指数组成，如 123e5 或 123E5 都表示 123×10^5。

说明：

（1）在程序中书写一个十进制数值常数时，C#默认按以下方式判断一个数值常数属于哪种 C#数值类型：

① 如果一个数值常数不带小数点，则该常数的类型是整型。

② 对于一个属于整数的数值常数，C#按如下顺序判断该数的类型：int、uint、long、ulong。

③ 如果一个数值常数带小数点，则该常数的默认类型是 double 型。

（2）在程序中，我们不希望 C#使用上述默认的方式来判断一个十进制数值常数类型时，可以通过给数值常数加后缀的方法来指定数值常数的类型。

① u 或 U 后缀：代表该常数是 uint，如 234u。

② l 或 L 后缀：代表该常数是 long 型，如 123L。

③ ul（ul 为大写也可）后缀：代表该常数是 ulong，如 1234uL。

④ f 或 F 后缀：代表该常数是 float 型。

⑤ d 或 D 后缀：代表该常数是 double 型。

⑥ m 或 M 后缀：代表该常数是 decimal 类型。

（3）字符常量。字符常量表示单个的 Unicode 字符集中的一个字符，通常包括数字、各种字母、标点、符号和汉字。字符常量用一对英文单引号界定，如'A'、'a'、'$'、'字'。

在 C#中，有些字符不能直接放在单引号中作为字符常量，这时需要使用转义符来表示这些字符常量，转义符由反斜杠"\"加字符组成。常用的转义符如表 3-5 所示。

表 3-5 常用的转义符

字 符 形 式	字 符 意 义	字 符 形 式	字 符 意 义
\'	单引号	\f	换页符
\"	双引号	\n	换行符
\\	反斜杠	\r	回车符
\0	空字符	\t	横向跳格符
\a	警报符	\v	垂直跳格符
\b	退格符		

（4）字符串常量。字符串常量是由一对英文双引号界定的字符序列，例如，"欢迎进入学生成绩管理系统"。

（5）布尔常量。布尔常量即 True（真）、False（假）两个值。

2. 符号常量

在 C#中，符号常量使用 const 关键字定义。

格式：`const 类型名称 常量名=常量表达式;`

例如：`const double PI=3.14;`

> **注意：**
> （1）在程序中，符号常量只能被赋予初始值，且在程序的运行过程中不允许再改变。
> （2）在定义符号常量时，常量表达式中运算对象不能出现变量。

对于【课堂案例 3-5】：

① 第 15 行把一个整型常量的十进制形式赋给了 iNum1。

② 第 16 行在数字常量前加 "0x"，把一个整型常量的十六进制形式赋给了 iNum2。

③ 第 17 行在数字常量后面加 "L"，把一个长整型常量赋给了 lNum。

④ 第 18 行在数字常量后面加 "f"，把一个单精度型常量赋给了 fNum。

⑤ 第 19 行把科学记数法表示形式的常量赋给了 dNum。

⑥ 第 20 行在数字常量后面加 "d"，把一个双精度型常量赋给了 dRadius。

⑦ 第 21 行在数字常量后面加 "m"，把一个十进制类型常量赋给了 mNum。

⑧ 第 22 行把一个英文字符常量赋给了 cCh1。

⑨ 第 23 行把一个汉字字符常量赋给了 cCh2。

⑩ 第 24 行把一个字符串常量赋给了 sStr。

⑪ 第 25、26 行使用了第 4 行定义的符号常量 PI。

3.5.2 输出程序的结果

运行上述程序，程序的运行结果如图 3-6 所示。

课堂实践 3-5

阅读下面的程序，了解所使用的常量类型并预测程序的输出结果。

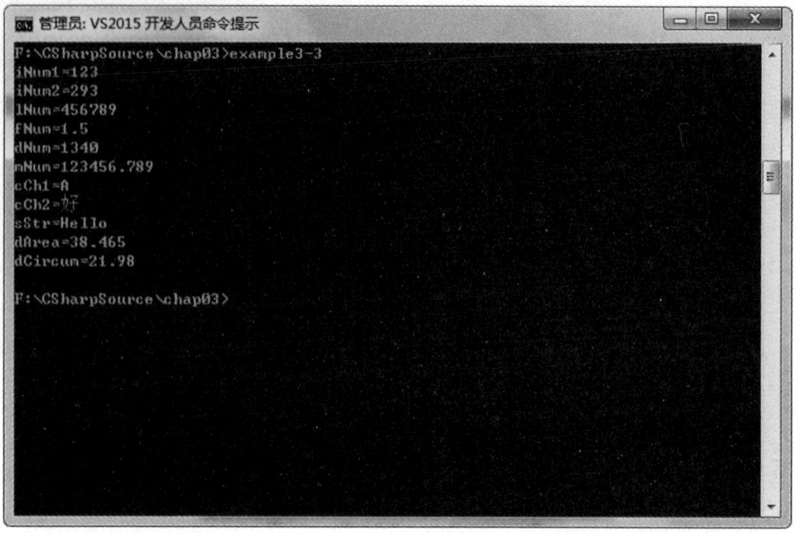

图 3-6 【课堂案例 3-6】程序运行结果

```csharp
class Program
{
    const double PI=3.14;
    static void Main(string[] args)
    {
        int iNum1,iNum2;
        long lNum;
        float fNum;
        double dNum;
        double dRadius,dArea,dCircum;
        decimal mNum;
        char cCh1,cCh2;
        string sStr;
        iNum1=456;
        iNum2=0x123;
        lNum=123456L;
        fNum=1.55f;
        dNum=1.34e5;
        dRadius=3.0d;
        mNum=123456.78m;
        cCh1='G';
        cCh2='真';
        sStr="good";
        dArea=PI*dRadius*dRadius;
        dCircum=2*PI*dRadius;
        Console.WriteLine("iNum1={0}",iNum1);
        Console.WriteLine("iNum2={0}",iNum2);
        Console.WriteLine("lNum={0}",lNum);
        Console.WriteLine("fNum={0}",fNum);
        Console.WriteLine("dNum={0}",dNum);
        Console.WriteLine("mNum={0}",mNum);
        Console.WriteLine("cCh1={0}",cCh1);
```

```
        Console.WriteLine("cCh2={0}",cCh2);
        Console.WriteLine("sStr={0}",sStr);
        Console.WriteLine("dArea={0}",dArea);
        Console.WriteLine("dCircum={0}",dCircum);
    }
}
```

3.6　实现数据类型转换

【课堂案例 3-6】接收学生的成绩信息并显示。学生的成绩信息包括学生的学号、课程号和课程成绩。

【案例学习目标】掌握数据类型的转换。

【案例知识要点】隐式转换、显式转换。

【案例完成步骤】

（1）初步认识类型转换。

（2）实现应用程序。

3.6.1　初步认识类型转换

在 C#中编写程序时，经常会碰到各种混合运算，如整型、浮点型和字符型数据的混合运算。由于不同类型的数据占用的存储空间不同，所以在做混合运算时，需要将不同类型的数据转换为统一的数据类型。C#提供了如下几种转换方式：

1. 隐式转换

隐式转换是系统自动执行的数据类型转换。基本原则是允许数值范围小的类型向数值范围大的类型转换。例如，允许无符号整数类型向有符号整数类型转换、单精度类型向双精度类型转换。

例如：

```
int x=123;
long y=x;          //将 x 的值读出来，隐式转换为 long 类型后，赋给长整型变量。
uint z=1234;
long a=z;          //将 z 的值读出来，隐式转换为 long 类型后，赋给长整型变量。
float b=1.34f;
double c=b;        //将 b 的值读出来，隐式转换为 double 类型后，赋给双精度型变量。
```

2. 显式转换

有时在编写程序的过程中，需要将数值范围大的类型向数值范围小的类型转换，这种情况显然不满足隐式转换的条件，这个时候需要使用显式转换。显式转换又称强制转换，在代码中明确指示将某一类型的数据转换为另一种类型。显式转换的格式如下：

(数据类型名称)数据

例如：

```
int x=500;
short y=(short)x;   //把一个整型数据强制转换为短整型后赋给一个短整型变量
int i;
float j=4.5f;
```

```
i=(int)j;                    //把一个浮点型数据强制转换为整型后赋给一个整型变量，i 的值变成了 4
```

与隐式转换不同，显式转换可能造成数据信息的丢失。例如，上例中的 j 强制转换为整型后，就只把整数部分传给了 i，数据信息发生了丢失。

3. 使用系统提供的方法进行数据类型转换

有时通过隐式或显式的转换都无法将一种数据类型转换为另一种数据类型。例如，将数值类型转换为字符串类型，或将字符串类型转换为数字类型。这个时候需要使用 C#提供的专门用于数据类型转换的方法。

（1）Parse 方法。Parse 方法可以将特定格式的字符转换为数值。例如：

```
int x=int.Parse("1234");
```

（2）ToString 方法。ToString 方法可将其他数据类型的变量转换为字符串类型。例如：

```
int x=1234;
string s=x.ToString();
```

（3）Convert 类。Convert 类中的常用方法如下：

① ToInt32()：转换为 32 位的整型。

② ToInt16()：转换为 16 位的整型。

③ ToDouble()：转换为双精度型。

④ ToString()：转换为单精度型。

⑤ ToChar()：转换为字符型。

例如：

```
int x=Convert.ToInt32("1234");
string s=Convert.ToString(12343);
```

对于【课堂案例 3-6】，学生成绩信息中的课程号和成绩是数字型，但通过 ReadLine()接收的数据是字符串，所以需要对数据类型进行转换，即把字符串转换为数字型。

```
string sStuNumber;                              //学号
int iCourseNumber;                              //课程号
int iScore;                                     //课程成绩
sStuNumber=Console.ReadLine();                  //接收学号
iCourseNumber=int.Parse(Console.ReadLine());    //接收课程号
iScore=int.Parse(Console.ReadLine());           //接收课程成绩
```

3.6.2 实现应用程序

对于【课堂案例 3-6】，执行以下步骤：

（1）在记事本中书写如下代码：

【程序代码】example3-4.cs

```
1  using System;
2  class Program
3  {
4      static void Main(string[] args)
5      {
6          string sStuNumber;                          //学号
7          int iCourseNumber;                          //课程号
8          int iScore;                                 //课程成绩
```

```
9          Console.WriteLine("请输入学生的成绩信息:");
10         Console.Write("学号:");
11         sStuNumber=Console.ReadLine();                    //接收学号
12         Console.Write("课程号:");
13         iCourseNumber=int.Parse(Console.ReadLine());      //接收课程号
14         Console.Write("成绩:");
15         iScore=int.Parse(Console.ReadLine());             //接收课程成绩
16         Console.WriteLine("学生的成绩信息为:");
17         Console.WriteLine("学号:{0}",sStuNumber);
18         Console.WriteLine("课程号:{0}",iCourseNumber);
19         Console.WriteLine("成绩:{0}",iScore);
20     }
21 }
```

（2）将文件保存到 chap03 文件夹下，并命名为 example3-4.cs。

（3）用 csc 对源代码进行编译并执行。

【程序说明】

① 第 6～8 行：定义程序所需的变量。

② 第 9 行：提示要输入学生的课程成绩资料。

③ 第 10～15 行：提示并输入学生课程成绩的各项资料。其中对于课程号，把从键盘接收的字符型转换为整型；对于课程成绩，也把从键盘接收的字符型转换为整型。

④ 第 16 行：提示输出学生的资料。

⑤ 第 17～19 行：输出学生成绩的各项资料。

课堂实践 3-6

接收学生成绩管理系统中的课程信息并显示。课程信息包括课程编号、课程名称、学时、考核方式和任课老师。

3.7　装箱与拆箱

【课堂案例 3-7】阅读下面的程序，识别装箱与拆箱，并预测程序的输出结果。

```
1  using System;
2  class program
3  {
4      static void Main(string[] arg)
5      {
6          int i=123;
7          object o=i;
8          i=456;
9          int j=(int)o;
10         System.Console.WriteLine("i={0},o={1}",i,o);
11         System.Console.WriteLine("j={0}",j);
12     }
13 }
```

【案例学习目标】
- 了解装箱与拆箱的概念。
- 掌握装箱与拆箱的过程。

【案例知识要点】装箱和拆箱。

【案例完成步骤】

（1）初步认识装箱与拆箱。

（2）预测程序的输出结果。

3.7.1　初步认识装箱与拆箱

装箱（boxing）和拆箱（unboxing）是 C#中一对很重要的概念，它通过允许值类型和引用类型与 object 对象类型数据之间来回转换，建立了在值类型和引用类型之间的绑定与联系。

1. 装箱

装箱是值类型到 object 类型或到此值类型所实现的任何接口类型的隐式转换。对值类型装箱会在堆中分配一个对象实例，并将该值复制到新的对象中。

例如：

```
int i=123;
object o=i;              //装箱，将i的值复制给o
```

i 是一个类型为 int 的值类型变量，o 为 object 引用类型变量，o=i 隐式地完成了值类型到引用类型的装箱操作。

装箱操作在实现时，系统中的内存发生了相应的变化，在定义变量 i 时，该变量占用的内存是在堆栈上分配的。经过装箱操作后，将变量 i 的值存放到了堆上，并让 o 指向堆上 int 类型的数值 123，而该数值就是赋给变量 i 的数值副本。内存分配的过程如图 3-7 所示。

在装箱时，也可以使用显式转换，如：

```
int i=123;
object o=(object)i;      //显式转换
```

这种操作是合法的，但实际上没有什么必要。

2. 拆箱

拆箱是从 object 类型到值类型或从接口类型到实现该接口的值类型的显式转换，是装箱的逆过程。拆箱操作包括：

- 检查对象实例，确保它是给定值类型的一个装箱值。
- 将该值从实例复制到值类型变量中。

例如：

```
int i=123;
object o=i;              //装箱
int j=(int)o;            //拆箱
```

在执行上述拆箱的过程中，系统的内存也会发生相应的变化。系统首先检查 o 这个 object 类型的值是否为给定类型的装箱值，由于此时 o 的值为 123，给定的值类型是 int 类型，所以能够通过检查，然后在堆栈上分配空间给变量 j，并将堆上保存的数据 123 复制给变量 j。内存分配的过程如图 3-8 所示。

在拆箱过程中，必须显示的进行强制类型转换。

对于【课堂案例 3-7】，第 7 行用到了装箱操作，第 9 行用到了拆箱操作。

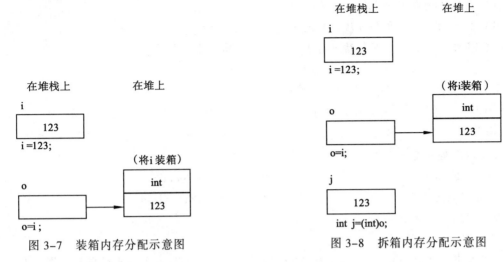

图 3-7 装箱内存分配示意图   图 3-8 拆箱内存分配示意图

3.7.2 预测程序的输出结果

根据装箱和拆箱的工作原理，【课堂案例 3-7】的输出结果为：

```
i=456,obj=123
j=123
```

课堂实践 3-7

阅读下面的程序，识别装箱与拆箱并预测程序的输出结果。

```
1  using System;
2  class program
3  {
4      static void Main(string[] arg)
5      {
6          int val=1000;
7          object obj=val;
8          i=2000;
9          int j=(int)obj;
10         System.Console.WriteLine("i={0},obj={1}",val,obj);
11         System.Console.WriteLine("j={0}",j);
12     }
13  }
```

思考与练习

一、填空题

1. 在 C#中，数据类型可分为_____、_____、_____。

2. 数字类型包括_____、_____两种。

3. 在定义枚举类型的时候需要使用关键字_____。

4. 在定义结构类型的需要时候使用关键字_____。

5. 从标准输入流读取下一个字符需要使用_____方法。

6. 实现控制台的输出有两个方法，分别是_____和_____。

7. 将指定的数据（后跟当前行结束符）写入标准输出流需要使用_____方法。

8. _____定义了一个变量的可见性和生存周期。

9. 常量分为_____和_____两种。

10. 需要把一个数字字符串转换为数字时，可以使用 Convert 的_____方法。

二、选择题

1. 下面赋值正确的是（   ）。
   A. char ch="a";
   B. string str='good';
   C. float fNum=1.5;
   D. double dNum=1.34;

2. 下面正确的字符常量是（   ）。
   A. "c"
   B. '\\"
   C. '\" '
   D. '\K'

3. 设 C 语言中，一个 short 型数据在内存中占 2 个字节，则 ushort 型数据的取值范围为（   ）。
   A. 0～255
   B. 0～32 767
   C. 0～65 535
   D. 0～2 147 483 647

三、问答题

1. 什么是装箱？什么是拆箱？

2. 实现数据类型转换有哪些常用的方法？

第 4 章

运算符与表达式

本章主要介绍 C#中的运算符和表达式的使用，为编写 C#应用程序奠定基础。学习本章后要达到如下 8 个学习目标：

学习目标	☑ 熟悉算术运算符的使用。 ☑ 熟悉自增自减运算符的使用。 ☑ 熟悉关系运算符的使用。 ☑ 熟悉逻辑运算符的使用。 ☑ 了解位运算符的使用。 ☑ 熟悉条件运算符的使用。 ☑ 熟悉复合赋值运算符的使用。 ☑ 熟悉运算符的优先级和结合性。

在应用程序中，运算符是进行特定运算的符号。表达式是由运算符和操作数组成的式子，是在计算机中进行计算的基本单位。操作数包含常量、变量和函数等。

4.1　C#运算符简介

C#提供了大量运算符，这些运算符用于指定在表达式中执行某种操作。按照运算符要求操作数个数的多少，可以把 C#运算符分为以下三种类型：

（1）单目运算符：带有一个操作数的运算符，如-x、++y。

（2）双目运算符：带有两个操作数的运算符，如 x+y、x&y。

（3）三目运算符：带有三个操作数的运算符，在 C#中只有一个三目运算符，即条件运算符"? :"，如 a?x:y。

C#中所用到的运算符如表 4-1 所示。

表 4-1　C#运算符

运算符类别	运 算 符
算术	+、-、*、/、%
逻辑	&、|、^、!、~、&&、||、true、false
字符串串联	+

运算符类别	运　算　符
递增、递减	++、--
移位	<<、>>
关系	==、!=、<、>、<=、>=
赋值	=、+=、-=、*=、/=、%=、&=、|=、^=、<<=、>>=、??
成员访问	.
索引	[]
转换	()
条件运算	?:
对象创建	new
类型信息	as、is、sizeof、typeof
溢出异常控制	checked、unchecked
间接寻址和地址	*、->、[]、&

4.2　算术运算符

【课堂案例 4-1】阅读下面的程序，识别所用到的算术运算符，并预测程序的输出结果。

```
1   using System;
2   class Program
3   {
4       static void Main(string[] args)
5       {
6           int iNum1,iNum2;
7           int iAddResult,iSubResult,iMultResult,iDivResult,iModResult;
8           iNum1=58;
9           iNum2=23;
10          iAddResult=iNum1+iNum2;
11          iSubResult=iNum1-iNum2;
12          iMultResult=iNum1*iNum2;
13          iDivResult=iNum1/iNum2;
14          iModResult=iNum1%iNum2;
15          Console.WriteLine("iNum1+iNum2={0}",iAddResult);
16          Console.WriteLine("iNum1-iNum2={0}",iSubResult);
17          Console.WriteLine("iNum1*iNum2={0}",iMultResult);
18          Console.WriteLine("iNum1/iNum2={0}",iDivResult);
19          Console.WriteLine("iNum1%iNum2={0}",iModResult);
20      }
21  }
```

【案例学习目标】掌握算术运算符的使用。

【案例知识要点】加法、减法、乘法、除法和取余。

【案例完成步骤】

（1）初步认识算术运算符。

（2）预测程序的输出结果。

4.2.1　初步认识算术运算符

算术运算符包括：

（1）+：加法运算符，又称正值运算符。对于加法运算符，如果参与运算的操作数都是数字，相加的结果和数学相加运算结果是一样的；如果参与运算的操作数都是字符串，相加的结果是把两个字符串连接在一起；如果参与运算的操作数是数字和字符串，相加的结果是将数字转变为字符串，然后将两个字符串连接起来；如果参与运算的操作数是数字和字符，相加的结果是数字与字符常量对应的 Unicode 编码的和。

例如：

```
using System;
class Program
{
    static void Main(string[] args)
    {
        Console.WriteLine(+5);              //表示正数
        Console.WriteLine(5+5);             //整数加法
        Console.WriteLine(5+.5);            //整数与小数加法
        Console.WriteLine(5+'5');           //整数与字符加法
        Console.WriteLine(5.0+"5");         //数字字符串加法
        Console.WriteLine("5"+"5");         //字符串加法
    }
}
```

程序的运行结果如图 4-1 所示。

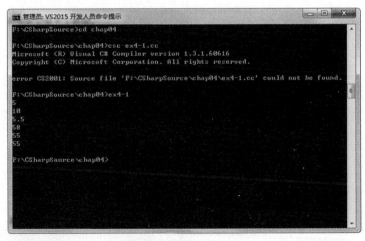

图 4-1　加法运行结果

（2）-：减法运算符，又称负值运算符。对于减法运算符，如果参与运算的操作数都是数字，相减的结果和数学相减运算结果是一样的；如果参与运算的操作数是数字和字符，相减的结果是数字与字符常量对应的 Unicode 编码的差。

例如：6-2 的结果为 4，105-'5'的结果为 52（'5'对应的 Unicode 编码为 53）。

（3）*：乘法运算符。表示算术运算的乘法。

例如：2*3 的结果为 6。

（4）/：除法运算符。如果参与运算的操作数都是整数，相除的结果为整除的结果；如果有一个操作数为浮点数，相除的结果为浮点除的结果。

例如：13/4 的结果为 3，13.0/4 的结果为 3.25。

（5）%：取余运算符，又称求模运算符，表示取算术运算的余数。

例如：13%4 的结果为 1。

对于【课堂案例 4-1】，第 10 行用到了加法运算符，第 11 行用到了减法运算符，第 12 行用到了乘法运算符，第 13 行用到了除法运算符，第 14 行用到了取模运算符。

4.2.2 预测程序的输出结果

根据算术运算符的功能，【课堂案例 4-1】的输出结果为：

```
iNum1+iNum2=81
iNum1-iNum2=35
iNum1*iNum2=1334
iNum1/iNum2=2
iNum%iNum2=12
```

> 说明：在【课堂案例 4-1】中，除用到算术运算符外，还用到了赋值运算符"="。赋值运算符的作用是将一个数据赋给一个变量。赋值表达式的格式如下：
>
> 变量=表达式；
>
> 例如：
>
> int i=10；
>
> 在 C#中，允许使用连续赋值。
>
> 例如：
>
> int a,b,c；
>
> a=b=c=25；

课堂实践 4-1

【任务 1】阅读下面的程序，识别所用的算术运算符并预测程序的输出结果。

```
1   using System;
2   class Program
3   {
4       static void Main(string[] args)
5       {
6           int iNum1,iNum2;
7           int iAddResult,iSubResult,iMultResult,iModResult;
8           double dDivResult;
9           iNum1=26;
10          iNum2=11;
11          iAddResult=iNum1+iNum2;
12          iSubResult=iNum1-iNum2;
```

```
13        iMultResult=iNum1*iNum2;
14        dDivResult=(double)iNum1/iNum2;
15        iModResult=iNum1%iNum2;
16        Console.WriteLine("iNum1+iNum2={0}",iAddResult);
17        Console.WriteLine("iNum1-iNum2={0}",iSubResult);
18        Console.WriteLine("iNum1*iNum2={0}",iMultResult);
19        Console.WriteLine("iNum1/iNum2={0}",dDivResult);
20        Console.WriteLine("iNum1%iNum2={0}",iModResult);
21    }
22 }
```

【任务 2】阅读下面的程序，预测程序的输出结果。

```
class Program
{
    static void Main(string[] args)
    {
        Console.WriteLine(+5);
        Console.WriteLine(15+5);
        Console.WriteLine(5-.5);
        Console.WriteLine(105-'5');
        Console.WriteLine(8.0+"5");
        Console.WriteLine("5"+"5");
    }
}
```

4.3　自增/自减运算符

【课堂案例 4-2】阅读下面的程序，识别所用到的自增/自减运算符并预测程序的输出。

```
1  using System;
2  class Program
3  {
4     static void Main(string[] args)
5     {
6         int x;
7         x=3;
8         Console.Write("{0}\t",++x);
9         Console.WriteLine("{0}",x);
10        x=3;
11        Console.Write("{0}\t",x++);
12        Console.WriteLine("{0}",x);
13        x=3;
14        Console.Write("{0}\t",--x);
15        Console.WriteLine("{0}",x);
16        x=3;
17        Console.Write("{0}\t",x--);
18        Console.WriteLine("{0}",x);
19     }
20 }
```

【案例学习目标】
- 掌握自增运算符的使用。
- 掌握自减运算符的使用。

【案例知识要点】自增运算符和自减运算符。

【案例完成步骤】

（1）初步认识自增/自减运算符。

（2）预测程序的输出结果。

4.3.1 初步认识自增/自减运算符

自增运算使单个变量的值增 1，自减运算使单个变量的值减 1。自增运算符（++）和自减运算符（--）只能用于变量，不能用于常量或表达式，如 5++或(a+b)++都是不合法的。它们的结合方向是"自右至左"。它们常用于后面章节将介绍的循环语句中，使循环变量自动增加 1；也可用于指针变量，使指针指向下一个地址。

（1）++：自增运算符。自增运算符是单目运算符，其作用是使变量的值增 1。它有两种形式：前置自增运算符和后置自增运算符。++a 属于前置自增运算符，a++属于后置自增运算符。前置自增运算符先对变量增 1，然后使用变量；后置自增运算符先使用变量，然后对变量增 1。

例如：

```
int iNum1=3;
int iNum2=++iNum1;          //等价于 iNum1=iNum+1;iNum2=iNum1;
int iNum1=3;
int iNum2=iNum1++;          //等价于 iNum2=iNum1;iNum1=iNum1+1;
```

（2）--：自减运算符。自减运算符是单目运算符，其作用是使变量的值减 1。它有两种形式：前置自减运算符和后置自减运算符。--a 属于前置自减运算符，a--属于后置自减运算符。前置自减运算符先对变量减 1，然后使用变量；后置自减运算符先使用变量，然后对变量减 1。

例如：

```
int iNum1=3;
int iNum2=--iNum1;          //等价于 iNum1=iNum-1;iNum2=iNum1;
int iNum1=3;
int iNum2=iNum1--;          //等价于 iNum2=iNum1;iNum1=iNum1-1;
```

对于【课堂案例 4-2】，第 8 行用到了前置自增运算符，第 11 行用到了后置自增运算符，第 14 行用到了前置自减运算符，第 17 行用到了后置自减运算符。

4.3.2 预测程序的输出结果

根据自增、自减运算符的功能，【课堂案例 4-2】的输出结果为：

```
4 4
3 4
2 2
3 2
```

课堂实践 4-2

阅读下面的程序，识别所用到运算符并预测程序的输出结果。

```
1  using System;
2  class Program
3  {
4      static void Main(string[] args)
5      {
6          int x;
7          x=5;
8          Console.Write("{0}\t",++x);
9          Console.WriteLine("{0}",x);
10         x=4;
11         Console.Write("{0}\t",x++);
12         Console.WriteLine("{0}",x);
13         x=4;
14         Console.Write("{0}\t",--x);
15         Console.WriteLine("{0}",x);
16         x=5;
17         Console.Write("{0}\t",x--);
18         Console.WriteLine("{0}",x);
19     }
20 }
```

4.4　关系运算符

【课堂案例 4-3】阅读下面的程序，识别所用到的关系运算符并预测程序的输出结果。

```
1  using System;
2  class Program
3  {
4      static void Main(string[] args)
5      {
6          int iNum1,iNum2;
7          bool bResult;
8          iNum1=23;
9          iNum2=25;
10         bResult=iNum1<iNum2;
11         Console.WriteLine("iNum<iNum2?{0}",bResult);
12         bResult=iNum1<=iNum2;
13         Console.WriteLine("iNum1<=iNum2?{0}",bResult);
14         bResult=iNum1>iNum2;
15         Console.WriteLine("iNum1>iNum2?{0}",bResult);
16         bResult=iNum1>=iNum2;
17         Console.WriteLine("iNum1>=iNum2?{0}",bResult);
18         bResult=iNum1==iNum2;
19         Console.WriteLine("iNum1==iNum2?{0}",bResult);
20         bResult=iNum1!=iNum2;
21         Console.WriteLine("iNum1!=iNum2?{0}",bResult);
22     }
23 }
```

【案例学习目标】掌握关系运算符的使用。

【案例知识要点】关系运算符。

【案例完成步骤】

（1）初步认识关系运算符。

（2）预测程序的输出结果。

4.4.1　初步认识关系运算符

关系运算符用于对两个值进行比较，其运算结果为逻辑值 True（真）或 False（假）。C#中的关系运算符有：

（1）比较运算符：<（小于）、<=（小于等于）、>（大于）、>=（大于等于）。

（2）等式运算符：==（等于）、!=（不等于）。

对于【课堂案例 4-3】，第 10 行用到了小于（<）运算符，第 12 行用到了小于等于（<=）运算符，第 14 行用到了大于（>）运算符，第 16 行用到了大于等于（>=）运算符，第 18 行用到了等于（==）运算符，第 20 行用到了不等于（!=）运算符。

4.4.2　预测程序的输出结果

根据关系运算符的功能，【课堂案例 4-3】的输出结果为：

```
iNum<iNum2?True
iNum1<=iNum2?True
iNum1>iNum2?False
iNum1>=iNum2?False
iNum1==iNum2?False
iNum1!=iNum2?True
```

课堂实践 4-3

阅读下面的程序，识别所用到运算符并预测程序的输出结果。

```
1  using System;
2  class Program
3  {
4      static void Main(string[] args)
5      {
6          int iNum1,iNum2;
7          bool bResult;
8          iNum1=228;
9          iNum2=225;
10         bResult=iNum1<iNum2;
11         Console.WriteLine("iNum<iNum2?{0}",bResult);
12         bResult=iNum1<=iNum2;
13         Console.WriteLine("iNum1<=iNum2?{0}",bResult);
14         bResult=iNum1>iNum2;
15         Console.WriteLine("iNum1>iNum2?{0}",bResult);
16         bResult=iNum1>=iNum2;
17         Console.WriteLine("iNum1>=iNum2?{0}",bResult);
18         bResult=iNum1==iNum2;
19         Console.WriteLine("iNum1==iNum2?{0}",bResult);
20         bResult=iNum1!=iNum2;
21         Console.WriteLine("iNum1!=iNum2?{0}",bResult);
22     }
23  }
```

4.5　逻辑运算符

【课堂案例4-4】阅读下面的程序，识别所用到的逻辑运算符并预测程序的输出结果。

```
1  using System;
2  class Program
3  {
4      static void Main(string[] args)
5      {
6          bool b1,b2;
7          bool bResult;
8          b1=true;
9          b2=false;
10         bResult=(b1&&b2);
11         Console.WriteLine("b1&&b2={0}",bResult);
12         bResult=b1||b2;
13         Console.WriteLine("b1||b2={0}",bResult);
14         bResult=!b1;
15         Console.WriteLine("!b1={0}",bResult);
16     }
17 }
```

【案例学习目标】掌握逻辑运算符的使用。

【案例知识要点】逻辑运算符。

【案例完成步骤】

（1）初步认识逻辑运算符。

（2）预测程序的输出结果。

4.5.1　初步认识逻辑运算符

逻辑运算符用来操作关系表达式或布尔值，由逻辑运算符连接起来的表达式称为逻辑表达式，其结果是一个布尔值，为真（True）或假（False）。

C#中的逻辑运算符有：

（1）&&（逻辑与）：双目运算符。只有当该运算符连接的两个表达式的结果都为真时，计算的结果才为真。

（2）||（逻辑或）：双目运算符。只要该运算符连接的两个表达式有一个结果为真，计算的结果就为真。

（3）!（逻辑非）：单目运算符，计算的结果与表达式的结果相反。

逻辑运算真值表如表 4-2 所示。

表 4-2　逻辑运算真值表

a	b	!a	a&&b	a‖b
False	False	True	False	False
False	True	True	False	True
True	False	False	False	True
True	True	False	True	True

对于【课堂案例 4-4】，第 10 行用到了&&（逻辑与）运算符，第 12 行用到了||（逻辑或）运算符，第 14 行用到了!（逻辑非）运算符。

4.5.2 预测程序的输出结果

根据关系运算符的功能，【课堂案例 4-4】的输出结果为：

```
b1&&b2=False
b1||b2=True
!b1=False
```

> **说明：** 在逻辑表达的求值过程中，不是所有的逻辑运算符都被执行，有时不需要执行所有的运算符，就可以确定逻辑表达式的结果，这种情况称为逻辑表达式短路。
>
> 假设 a 是一个布尔值或逻辑表达式，bExp 表示一个逻辑表达式，那么：
>
> （1）a&&bExp：只有当 a 的结果为 True 时，才继续判断 bExp 的值；如果 a 的结果为 False，逻辑表达式的结果肯定为 False，这时不需要继续求值。
>
> （2）a||bExp：只有当 a 的结果为 False 时，才继续判断 bExp 的值；如果 a 的结果为 True，逻辑表达式的结果肯定为 True，这时不需要继续求值。

课堂实践 4-4

阅读下面的程序，识别所用到的运算符并预测程序的输出结果。

```
1  using System;
2  class Program
3  {
4      static void Main(string[] args)
5      {
6          bool b1 ,b2;
7          bool bResult;
8          b1=false;
9          b2=true;
10         bResult=(b1&&b2);
11         Console.WriteLine("b1&&b2={0}",bResult);
12         bResult=b1||b2;
13         Console.WriteLine("b1||b2={0}",bResult);
14         bResult=!b1;
15         Console.WriteLine("!b1={0}",bResult);
16     }
17 }
```

4.6 位 运 算 符

【课堂案例 4-5】阅读下面的程序，识别所用到的位运算符并预测程序的输出结果。

```
1  using System;
2  class Program
3  {
4      static void Main(string[] args)
5      {
6          byte iNum1,iNum2;
```

```
7            iNum1=7;
8            iNum2=5;
9            byte iRet;
10           iRet=(byte)~iNum1;
11           Console.WriteLine("~iNum1={0}",iRet);
12           iRet=(byte)(iNum1&iNum2);
13           Console.WriteLine("iNum1&iNum2={0}",iRet);
14           iRet=(byte)(iNum1|iNum2);
15           Console.WriteLine("iNum1|iNum2={0}",iRet);
16           iRet=(byte)(iNum1^iNum2);
17           Console.WriteLine("iNum1^iNum2={0}",iRet);
18           iRet=(byte)(iNum1<<2);
19           Console.WriteLine("iNum1<<2={0}",iRet);
20           iRet=(byte)(iNum1>>2);
21           Console.WriteLine("iNum1>>2={0}",iRet);
22        }
23 }
```

【案例学习目标】掌握位运算符的使用。

【案例知识要点】按位与、按位或、按位求反、按位异或、左移和右移。

【案例完成步骤】

（1）初步认识位运算符。

（2）预测程序的输出结果。

4.6.1　初步认识位运算符

位（bit）是计算机中表示信息的最基本单位，用 0 和 1 表示。要对一个十进制数进行按位运算，通常要把该十进制数转化为二进制数，这样进行位运算便于理解。C#中的位运算符有：~（按位求反）、&（按位与）、|（按位或）、^（按位异或）、<<（左移）和 >>（右移）。

（1）~：按位求反。这是一个单目运算符，如果二进制某位为 1，求反后结果为 0；某位为 0，求反后结果为 1。即：~0=1，~1=0。

例如，~00000111 的结果为 11111000。

（2）&：按位与。这是一个双目运算符，运算的结果为两个操作数对应二进制位的与运算。1 和 1 的按位与为 1，其余的皆为 0。即：0&0=0，0&1=0，1&0=0，1&1=1。

例如，00000111&00000101 的结果为 00000101。

（3）|：按位或运算。这是一个双目运算符，运算的结果为两个操作数对应二进制位的或运算。0 和 0 的按位或为 0，其余的皆为 1。即：0|0=0，0|1=1，1|0=1，1|1=1。

例如，00000111 | 00000101 的结果为 00000111。

（4）^：按位异或。这是一个双目运算符，运算的结果为两个操作数的对应二进制位的异或运算。如果对应位的值相异，则结果为 1；对应位的值相同，则结果为 0。即：0^0=0，0^1=1，1^0=1，1^1=0。

例如，00000111 ^ 00000101 的结果为 00000010。

（5）<<，左移运算。这是一个双目运算符，该运算的结果是将一个二进制数的各位向左移若干位，右边补 0。

例如，00000111<<2 的结果为 00011100。

（6）>>，右移运算。这是一个双目运算符，该运算的结果是将一个二进制数的各位向右移若干位，右边溢出的低位被舍弃。对于无符号数，该数高位补 0；对于有符号数，如果该数为正，高位补 0，如果为负，高位补 1。

例如，00000111>>2 的结果为 00000001。

对于【课堂案例 4-5】，第 10 行用到了~（按位求反）运算符，第 12 行用到了&（按位与）运算符，第 14 行用到了|（按位或）运算符，第 16 行用到了^（按位异或）运算符，第 18 行用到了<<（左移）运算符，第 20 行用到了>>（右移）运算符。

4.6.2 预测程序的输出结果

根据关系运算符的功能，【课堂案例 4-5】的输出结果为：

```
~iNum1=248
iNum1&iNum2=5
iNum1|iNum2=7
iNum1^iNum2=2
iNum1<<2=28
```

当 iNum1>>2=1 时，不需要继续求值。

课堂实践 4-5

阅读下面的程序，识别所用到的运算符并预测程序的输出结果。

```
1   using System;
2   class Program
3   {
4       static void Main(string[] args)
5       {
6           byte iNum1,iNum2;
7           iNum1=15;
8           iNum2=13;
9           byte iRet;
10          iRet=(byte)~iNum1;
11          Console.WriteLine("~iNum1={0}",iRet);
12          iRet=(byte)(iNum1&iNum2);
13          Console.WriteLine("iNum1&iNum2={0}",iRet);
14          iRet=(byte)(iNum1|iNum2);
15          Console.WriteLine("iNum1|iNum2={0}",iRet);
16          iRet=(byte)(iNum1^iNum2);
17          Console.WriteLine("iNum1^iNum2={0}",iRet);
18          iRet=(byte)(iNum1<<2);
19          Console.WriteLine("iNum1<<2={0}",iRet);
20          iRet=(byte)(iNum1>>2);
21          Console.WriteLine("iNum1>>2={0}",iRet);
22      }
23  }
```

4.7 条件运算符

【课堂案例 4-6】阅读下面的程序，识别所用到的条件运算符并预测程序的输出结果。

```
1  using System;
2  class Program
3  {
4      static void Main(string[] args)
5      {
6          int iNum1=15,iNum2=25;
7          int iMax;
8          iMax=iNum1>iNum2?iNum1:iNum2;
9          Console.WriteLine("较大的数是{0}",iMax);
10     }
11 }
```

【案例学习目标】掌握条件运算符的使用。

【案例知识要点】条件运算符。

【案例完成步骤】

（1）初步认识条件运算符。

（2）预测程序的输出结果。

4.7.1　初步认识条件运算符

条件运算符“? :”是 C#中唯一的三目运算符，其一般的格式如下：

表达式 1?表达式 2:表达式 3

它的含义是：先计算表达式 1 的值，如果表达式 1 的值为真，则表达式 2 的值就是整个表达式的结果，否则表达式 3 是整个表达式的结果。

例如，要求一个数的绝对值，可以用条件运算符来计算：

iAbs=iNumber>=0?iNumber:-iNumber;

> 注意：在 C#中，表达式 1 必须是一个布尔表达式。

对于【课堂案例 4-6】，第 8 行用到了条件运算符，其功能是比较两个数，然后把较大的数作为表达式的运算结果。

4.7.2　预测程序的输出结果

根据条件运算符的功能，【课堂案例 4-6】的输出结果为：

较大的数是 25

课堂实践 4-6

阅读下面的程序，识别所用到的运算符并预测程序的输出结果。

```
1  using System;
2  class Program
3  {
4      static void Main(string[] args)
5      {
6          int iNum1=35,iNum2=25;
7          int iMin;
8          iMin=iNum1<iNum2?iNum1:iNum2;
9          Console.WriteLine("较小的数是{0}",iMin);
10     }
11 }
```

4.8 复合赋值运算符

【课堂案例4-7】阅读下面的程序，识别所用到的复合赋值运算符并预测程序的输出结果。

```
1  using System;
2  class Program
3  {
4      static void Main(string[] args)
5      {
6          int a=5;
7          a+=6;
8          Console.WriteLine("a={0}",a);
9          string s="Micro";
10         s+="soft";
11         Console.WriteLine("s={0}",s);
12     }
13 }
```

【案例学习目标】掌握复合赋值运算符的使用。

【案例知识要点】复合赋值运算符。

【案例完成步骤】

（1）初步认识复合赋值运算符。

（2）预测程序的输出结果。

4.8.1 初步认识复合赋值运算符

复合赋值运算符是双目运算符与赋值运算符的组合，它简化了赋值语句的书写，其格式为：

x op=y;   //等价于x= x op y，其中op表示双目运算符

下面列出了一些常用的复合赋值运算符：

a+=b	等价于	a=a+b
a-=b	等价于	a=a-b
a*=b	等价于	a=a*b
a/=b	等价于	a=a/b
a%=b	等价于	a=a%b
a<<=b	等价于	a=a<<b
a>>=b	等价于	a=a>>b
a&=b	等价于	a=a&b
al=b	等价于	a=alb
a^=b	等价于	a=a^b

对于【课堂案例4-7】，第7行和第10行用到了复合赋值运算符，第7行等价于a=a+6，第10行等价于s=s+"soft"。

4.8.2 预测程序的输出结果

根据条件运算符的功能，【课堂案例4-6】的输出结果为：

```
a=11
s=Microsoft
```

课堂实践 4-7

阅读下面的程序，识别所用到运算符并预测程序的输出结果。

```
1  using System;
2  class Program
3  {
4      static void Main(string[] args)
5      {
6          int iNum1=35,iNum2=5;
7          iNum1-=iNum2;
8          Console.WriteLine("iNum1={0}",iNum1);
           iNum/=iNum2;
9          Console.WriteLine("iNum1={0}",iNum1);
10     }
11 }
```

4.9 其他运算符

4.9.1 is 运算符

is 运算符用于检查对象是否与给定类型兼容，其运算的结果是布尔值 True 或 False。其使用的一般格式如下：

变量 is 数据类型

下面通过一个例子说明 is 运算符的使用。

```
using System;
class Program
{
    static void Main(string[] args)
    {
        string str="hello";
        int iNum=1;
        Console.WriteLine(str is string);
        Console.WriteLine(iNum is int);
    }
}
```

程序的运行结果为：

```
True
True
```

4.9.2 as 运算符

as 运算符用于在兼容的引用类型之间执行转换，是用来进行相关数据类型判断的。其使用的一般格式如下：

表达式 as 数据类型

as 的功能为：如果表达式的值符合给定的数据类型，则整个表达式的结果为 as 后面的数据类型；如果不符合，整个表达式的结果为 null。

下面通过一个例子说明 as 运算符的使用。

```
using System;
class Program
{
    static void Main(string[] args)
    {
        object x=123;
        object o='a';
        string s="hello";
        string str;
        str=x as string;
        Console.WriteLine(str);
        str=o as string;
        Console.WriteLine(str);
        str=s as string;
        Console.WriteLine(str);
    }
}
```

程序的运行结果为：

(空行)
(空行)
string

> **注意**：as 运算符只执行引用转换和装箱转换，无法执行其他转换。

4.9.3 typeof 运算符

typeof 运算符用于获取类型的 System.Type 对象，System.Type 是描述类型信息的类。其使用的一般格式如下：

```
typeof(类型)
```

该表达式的结果为 System.Type 对象。例如：

```
typeof(int)
```

下面通过一个例子来说明 typeof 运算符的使用。

```
using System;
class Program
{
    static void Main(string[] args)
    {
        Console.WriteLine(typeof(int));
        Console.WriteLine(typeof(float));
        Console.WriteLine(typeof(string));
    }
}
```

程序的运行结果为：

```
System.Int32
System.Single
System.String
```

4.9.4　sizeof 运算符

sizeof 运算符用于获取值类型的字节大小。其使用的一般格式如下：

sizeof(数据类型)

该表达式的结果为一整数，代表数据类型所占用的字节数。例如：

sizeof(int)

下面通过一个例子来说明 typeof 运算符的使用。

```
using System;
class Program
{
    static void Main(string[] args)
    {
        Console.WriteLine("短整型所占用的大小为{0}字节",sizeof(short));
        Console.WriteLine("整型所占用的大小为{0}字节",sizeof(int));
        Console.WriteLine("长整型所占用的大小为{0}字节",sizeof(long));
    }
}
```

程序的运行结果为：

短整型所占用的大小为 2 字节
整型所占用的大小为 4 字节
长整型所占用的大小为 8 字节

4.10　运算符的优先级和结合性

【课堂案例 4-8】阅读下面的程序，识别所用到的运算符的优先级并预测程序的输出结果。

```
1  using System;
2  class Program
3  {
4      static void Main(string[] args)
5      {
6          int iNum1;
7          int iNum2;
8          iNum1=3+4*5;
9          iNum2=++iNum1*2;
10         bool bRet;
11         bRet=iNum1>20&&iNum2<60;
12         Console.WriteLine("iNum1={0}",iNum1);
13         Console.WriteLine("iNum2={0}",iNum2);
14         Console.WriteLine("bRet={0}",bRet);
15     }
16 }
```

【案例学习目标】掌握运算符的优先级和结合性。

【案例知识要点】优先级、结合性。

【案例完成步骤】

（1）初步认识运算符的优先级和结合性。

（2）预测程序的输出结果。

4.10.1　初步认识运算符的优先级和结合性

当一个表达式含有多个运算符时，运算符的优先级就控制了单个运算符的求值顺序。表 4-3 从上至下按优先级从高到低给出了运算符的优先级。

表 4-3　运算符的优先级

类　　别	运　算　符
初级	typeof、checked、unchecked
单目	+、−、!、~、++x、--x、(T)x
乘法类	*、/、%
加法类	+、−
移位	<<、>>
关系	<、>、<=、>=、 is、as
等价性	==、!、=
逻辑与	&
逻辑异或	^
逻辑或	|
条件与	&&
条件或	||
条件	? :
复合赋值	=、*=、/=、%=、+=、−=、<<=、>>=、&=、^=、|=

在优先级相同的情况下，通常是按照从左到右的顺序进行运算。如果在表达式中出现了括号，则要先计算括号中的表达式，因为括号的优先级是最高的。

例如：计算表达式"a+b*(c−d)/e"。

根据运算符的优先级，上述表达式中运算符的计算次序为：−、*、/、+。

运算符的结合性有两种：左结合性和右结合性。左结合性表示运算符优先与其左边的标志符结合进行运算（即从左到右）；右结合性表示运算符优先与其右边的标志符结合进行运算（即从右到左）。除赋值运算符外，所有的双目操作符都是左结合性的；赋值运算符和条件运算符满足右结合性。

例如：

表达式"x+y+z"按照左结合性，被求值为"(x+y)+z"。

表达式"x=y=z"按照右结合性，被求值为"x=(y=z)"。

当用户书写程序式时，如果无法确定运算符的顺序，可以用括号来保证运算符的顺序。

对于【课堂案例 4-8】，第 8 行代码运算符优先级的顺序为* → + → =；和第 9 行代码运算符优先级的顺序为++ → * → =，第 11 行代码运算符优先级的顺序为> → < → && → =。

4.10.2　预测程序的输出结果

根据运算符的优先级，【课堂案例 4-8】的输出结果为：

```
iNum1=24
iNum2=48
iRet=True
```

课堂实践 4-8

阅读下面的程序，识别所用到的运算符并预测程序的输出结果。

```
1  using System;
2  class Program
3  {
4      static void Main(string[] args)
5      {
6          int iNum1;
7          int iNum2;
8          iNum1=3*(4-2);
9          iNum2=(2+3)/2+4%2;
10         bool bRet;
11         bRet=iNum1>2&&iNum2<2;
12         Console.WriteLine("iNum1={0}",iNum1);
13         Console.WriteLine("iNum2={0}",iNum2);
14         Console.WriteLine("bRet={0}",bRet);
15     }
16 }
```

思考与练习

一、填空题

1. 按照运算符要求操作数个数的多少，可把 C# 运算符分为_____、_____、_____三类。

2. 表达式 "Hel"+"lo" 的结果为_____。

3. 若 a 是 int 型变量，则计算表达式 a=25/3%3 后 a 的值为_____。

4. 关系运算符用于对两个值进行比较，其运算结果为_____、_____。

5. 逻辑运算符用来操作_____或_____。

6. 位是计算机中表示信息的最基本单位，用_____和_____表示。

7. C# 中唯一的三目运算符是_____。

8. 运算符的结合性分为_____和_____。

二、选择题

1. 已知字母 A 的 ASCII 码为十进制数 65，且 c2 为字符型，则执行语句 c2 = 'A'+'6'-'3' 后，c2 的值为（　　）。

   A. D   B. 68   C. 不确定的值   D. C

2. 判断 char 型变量 ch 是否为大写字母的正确表达式是（　　）。

   A. 'A'<=ch<='Z'   B. (ch>='A')&(ch<='Z')

   C. (ch>='A')&&(ch<='Z')   D. ('A'<= ch)AND('Z'>= ch)

3. 设有 int a=1,b=2,c=3,d=4，执行(a>b)&&(c>d)后值为（　　）。

   A. True   B. False   C. 0   D. 1

三、简答题

1. 哪些运算符适用于左结合性？哪些运算符适用于右结合性？

2. 举例说明逻辑表达式短路。

第 5 章

程序控制语句

本章主要介绍 if、switch、while、do...while、for、break 和 continue 各种程序控制语句并实现程序的各种结构。学习本章后要达到如下 8 个学习目标：

学习目标	
	☑ 掌握顺序结构的使用。
	☑ 掌握选择结构的使用。
	☑ 掌握 switch 语句的使用。
	☑ 掌握 while 语句的使用。
	☑ 掌握 do...while 语句的使用。
	☑ 掌握 for 语句的使用。
	☑ 熟悉 break 语句的使用。
	☑ 熟悉 continue 语句的使用。

根据结构化程序设计思想，程序有三种基本结构：顺序结构、选择结构和循环结构。顺序结构就是顺序执行一组语句。

5.1 顺 序 结 构

【课堂案例 5-1】编写程序：输入学生三门课程的成绩，计算学生的平均成绩并显示。

【案例学习目标】掌握顺序结构的使用。

【案例知识要点】顺序结构。

【案例完成步骤】

（1）初步认识顺序结构。

（2）实现应用程序。

5.1.1 初步认识顺序结构

顺序结构是结构化程序设计中最基本的结构。当程序中的语句需要逐条按顺序执行时，就需要使用顺序结构。顺序结构的流程图如图 5-1 所示。

在图 5-1 中，先执行 A 操作，再执行 B 操作，二者是顺序执行的关系。

对于【课堂案例 5-1】，先输入学生三门课程的成绩，再求平均成绩。从操作次序看，符合顺序结构的特点，所以解决该问题需要使用顺序结构。该程序的流程图如图 5-2 所示。

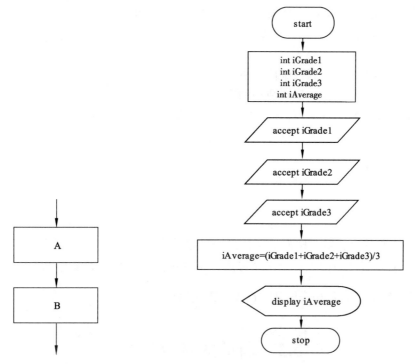

图 5-1　顺序结构流程图　　　图 5-2　【课堂案例 5-1】的程序流程图

在图 5-2 中，iGrade1、iGrade2 和 iGrade3 表示三门课程的成绩，iAverage 表示平均成绩。

5.1.2　实现应用程序

对于【课堂案例 5-1】，执行以下步骤：

（1）在已创建的 CSharpSource 文件夹下再创建 chap05 子文件夹。

（2）在记事本中书写如下代码：

【程序代码】example5-1.cs

```
1  using System;
2  class Program
3  {
4      static void Main(string[] args)
5      {
6          int iGrade1,iGrade2,iGrade3;
7          int iAverage;
8          Console.WriteLine("请输入三门课程的成绩:");
9          Console.Write("课程 1:");
10         iGrade1=int.Parse(Console.ReadLine());
11         Console.Write("课程 2:");
12         iGrade2=int.Parse(Console.ReadLine());
13         Console.Write("课程 3:");
14         iGrade3=int.Parse(Console.ReadLine());
15         iAverage=(iGrade1+iGrade2+iGrade3)/3;
16         Console.WriteLine("该学生三门课程的平均成绩为:{0}",iAverage);
17     }
18 }
```

（3）将文件保存到 chap05 文件夹下，并命名为 example5-1.cs。

（4）用 csc 对源代码进行编译并执行。

【程序说明】

① 第 6 行：声明三门课程成绩的变量。

② 第 7 行：声明三门课程平均成绩的变量。

③ 第 8 行、第 9 行、第 11 行和第 13 行：提示输入学生的成绩。

④ 第 10 行、第 12 行和第 14 行：输入学生的成绩。

⑤ 第 15 行：求平均成绩。

⑥ 第 16 行：输出该学生三门课程的平均成绩。

课堂实践 5-1

【任务 1】编写程序：接收圆的半径，计算圆的周长和面积并显示其结果。

【任务 2】编写程序：输入一个华氏温度，求摄氏温度。华氏温度与摄氏温度的转化公式 "$C=\dfrac{5}{9}(F-32)$"，其中 F 表示华氏温度，C 表示摄氏温度。

5.2 简单的选择结构

【课堂案例 5-2】编写程序：输入学生的姓名和成绩，判断该学生的成绩是及格还是不及格（成绩为 100 分制，当分数低于 60 分时为不及格，否则为及格）。

【案例学习目标】

- 掌握选择结构的流程图。
- 掌握 if 语句和 if...else 语句的使用。

【案例知识要点】选择结构、if 语句和 if...else 语句。

【案例完成步骤】

（1）初步认识选择结构。

（2）实现应用程序。

5.2.1 初步认识选择结构

第 1 章已经介绍了选择结构。在 C#语言中，提供了两种实现选择结构设计的语句：if...else 语句和 switch 语句。

if 语句是最常用的选择结构语句，常用的表达形式有三种。

形式 1：

```
if(表达式){语句块}
```

功能：如果表达式的值为真（即条件成立），则执行 if 语句所控制的语句块，否则不执行。执行过程如图 5-3 所示。

形式 2：

```
if(表达式)
    {语句块 1}
```

```
else
    {语句块 2}
```

功能：如果表达式的值为真，则执行语句块 1，否则跳过语句块 1，执行语句块 2。执行过程如图 5-4 所示。

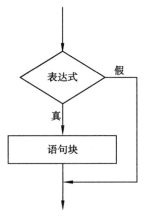

图 5-3　if 语句形式 1

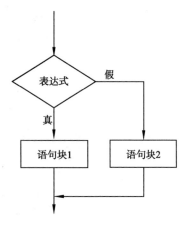

图 5-4　if 语句形式 2

形式 3：

```
if(表达式 1){语句块 1}
else if(表达式 2) {语句块 2}
…
else if(表达式 n-1) {语句块 n-1}
else {语句块 n}
```

功能：当表达式 1 为真时，执行语句块 1，然后跳过整个结构执行下一条语句；当表达式 1 为假时，跳过语句 1 去判断表达式 2，若表达式 2 为真，执行语句块 2，然后跳过整个结构执行下一条语句，当表达式 2 为假时，跳过语句 2 去判断表达式 3。依此类推，当表达式 1、表达式 2、…、表达式 n-1 全为假时，则执行语句块 n，执行过程如图 5-5 所示。

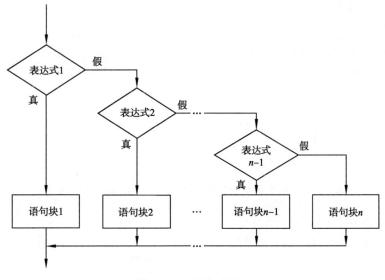

图 5-5　if 语句形式 3

　　对于【课堂案例 5-2】，需要根据输入的成绩是低于 60 分还是高于 60 分，才能判断成绩是及格还是不及格，所以需要使用选择结构。并且当分数低于 60 分时，显示不及格，高于 60 分时，显示及格，即选择结构的两种情况都要考虑，所以需要使用 if 语句形式 2。该程序的流程图如图 5-6 所示。

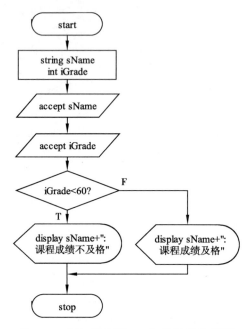

图 5-6　【课堂案例 5-2】的程序流程图

　　在流程图 5-6 中，变量 iGrade 表示学生的成绩，变量 sName 表示学生的姓名。

5.2.2　实现应用程序

　　对于【课堂案例 5-2】，执行以下步骤：

（1）进入 chap05 子文件夹。

（2）在记事本中书写如下代码：

【程序代码】 example5-2.cs

```
1  using System;
2  class Program
3  {
4      static void Main(string[] args)
5      {
6          int iGrade1;
7          string sName;
8          Console.WriteLine("请输入学生的姓名和成绩:");
9          Console.Write("姓名:");
10         sName=Console.ReadLine();
11         Console.Write("成绩:");
12         iGrade1=int.Parse(Console.ReadLine());
13         if(iGrade1<60)
```

```
14          Console.WriteLine("{0}:课程成绩不及格",sName);
15      else
16          Console.WriteLine("{0}:课程成绩及格",sName);
17  }
18 }
```

（3）将文件保存到 chap05 文件夹下，并命名为 example5-2.cs。

（4）用 csc 对源代码进行编译并执行。

【程序说明】

① 第 6 行：声明课程成绩的变量。

② 第 7 行：声明学生姓名的变量。

③ 第 8 行、第 9 行和第 11 行：提示输入学生的姓名和成绩。

④ 第 10 行：输入学生的姓名。

⑤ 第 12 行：输入学生的成绩。

⑥ 第 13～16 行：使用 if...else 结构判断学生的成绩并给出及格还是不及格。

课堂实践 5-2

【任务 1】编写程序：输入学生的成绩，当成绩小于 0 分或大于 100 分时，显示输入成绩不合法。

【任务 2】编写程序：输入两个数，显示两个数中较大的数。

5.3　嵌套的选择结构

【课堂案例 5-3】编写程序：输入三个数，显示三个数中最大的数。

【案例学习目标】掌握嵌套的选择结构的使用。

【案例知识要点】嵌套的选择结构。

【案例完成步骤】

（1）初步认识嵌套的选择结构。

（2）实现应用程序。

5.3.1　初步认识嵌套的选择结构

第 1 章已讲过嵌套的选择结构，在 C#中实现嵌套的选择结构时，常使用以下形式：

```
if(表达式1)
    if(表达式2)
        {语句块1}          内嵌 if 语句
    else
        {语句块2}
else
    if(表达式3)
        {语句块3}          内嵌 if 语句
    else
        {语句块4}
```

在使用嵌套的选择结构时，需要注意 if 和 else 的配对关系。从最内层开始，else 总是与它上面最近的 if 配对。

例如：

```
if(表达式1)
    if(表达式2)
        {语句块1}
else
    if(表达式3)
        {语句块2}
    else
        {语句块3}
```

从结构层次上看，第 1 个 if 语句似乎要内嵌第 2 个 if 语句，但实际上，计算机会把它处理成如下内嵌的形式：

```
if(表达式1)
    if(表达式2)
        {语句块1}
    else
        if(表达式3)              内嵌 if 语句
            {语句块2}
        else
            {语句块3}
```

如要实现程序设计者的意图，可以通过加大括号实现。对于上述例子，可写成：

```
if(表达式1)
{
    if(表达式2)
    {语句块1}
}
else
    if(表达式3)
        {语句块2}
    else
        {语句块3}
```

对于【课堂案例 5-3】，在对两个数进行比较得到较大的数后还要跟第三个数进行比较才能得到三个数中最大的数，即进行一次判断后还要再进行判断。所以，可以使用嵌套的选择结构解决该问题。该程序的流程图如图 5-7 所示。

在流程图 5-7 中，iNum1、iNum2 和 iNum3 表示输入的三个数，iBiggest 表示三个数中最大的数。

5.3.2　实现应用程序

对于【课堂案例 5-3】，执行以下步骤：

（1）进入 chap05 子文件夹。

（2）在记事本中书写如下代码：

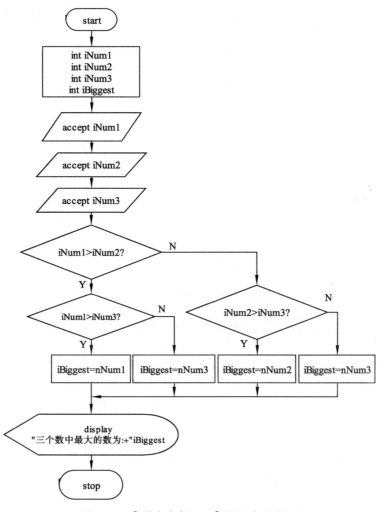

图 5-7　【课堂案例 5-3】的程序流程图

【程序代码】 example5-3.cs

```
1  using System;
2  class Program
3  {
4      static void Main(string[] args)
5      {
6          int iNum1,iNum2,iNum3;
7          int iBiggest;
8          Console.WriteLine("请输入三个数:");
9          Console.Write("数1:");
10         iNum1=int.Parse(Console.ReadLine());
11         Console.Write("数2:");
12         iNum2=int.Parse(Console.ReadLine());
13         Console.Write("数3:");
14         iNum3=int.Parse(Console.ReadLine());
15         if(iNum1>iNum2)
```

```
16            {
17                if(iNum1>iNum3)
18                    iBiggest=iNum1;
19                else
20                    iBiggest=iNum3;
21            }
22            else
23            {
24                if(iNum2>iNum3)
25                    iBiggest=iNum2;
26                else
27                    iBiggest=iNum3;
28            }
29            Console.WriteLine("三个数中最大的数为: {0}",iBiggest);
30        }
31 }
```

（3）将文件保存到 chap05 文件夹下，并命名为 example5-3.cs。

（4）用 csc 对源代码进行编译并执行。

【程序说明】

① 第 6 行：声明三个数的变量。

② 第 7 行：声明最大数的变量。

③ 第 8 行、第 9 行、第 11 行和第 13 行：提示输入三个数。

④ 第 10 行、第 12 行和第 14 行：输入三个数。

⑤ 第 15～21 行：内嵌了第 17～20 行的 if 语句。

⑥ 第 22～28 行：内嵌了第 24～27 行的 if 语句。

⑦ 第 29 行：输出三个数中最大的数。

课堂实践 5-3

【任务 1】编写程序：求解函数。

$$y=\begin{cases} -1 & (x<0) \\ 0 & (x=0) \\ 1 & (x>0) \end{cases}$$

【任务 2】编写程序：判断某一年是否为闰年。（闰年的条件是能被 4 整除，但不能被 100 整除，或者能被 400 整除。）

5.4　复杂的选择结构

【课堂案例 5-4】编写程序：输入学生的姓名和成绩，要求输出学生成绩的等级"优"、"良"、"中"、"及格"、"不及格"。其中 90 分以上为"优"，80～89 分为"良"，70～79 分为"中"，60～69 分为"及格"，60 分以下为"不及格"。

【案例学习目标】掌握复杂的选择结构。

【案例知识要点】复杂的选择结构和 if 语句的形式 3。

【案例完成步骤】

（1）初步认识复杂的选择结构。

（2）实现应用程序。

5.4.1　初步认识复杂的选择结构

第 1 章已介绍过复杂的选择结构，在 C# 中实现复杂的选择结构时，常使用 if 语句的形式 3，即：

```
if(表达式1) {语句块1}
else if(表达式2) {语句块2}
…
else if(表达式n-1) {语句块n-1}
else {语句块n}
```

对于【课堂案例 5-4】，学生成绩的区分为 5 段，要进行 4 次判断才能输出学生成绩的等级。所以解决该问题，需要采用复杂的选择结构，并使用 if 语句的形式 3。该程序的流程图如图 5-8 所示。

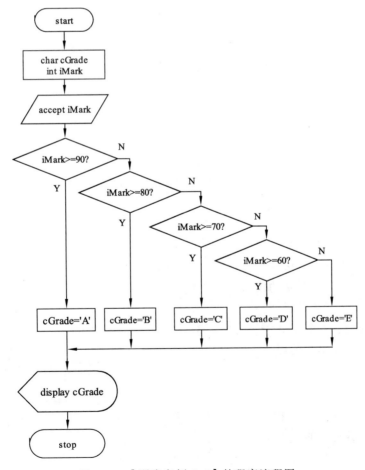

图 5-8　【课堂案例 5-4】的程序流程图

在流程图 5-8 中，iMark 表示学生的成绩，cGrade 表示成绩的等级。

5.4.2　实现应用程序

对于【课堂案例 5-4】，执行以下步骤：

（1）进入 chap05 子文件夹。

（2）在记事本中书写如下代码：

【程序代码】 example5-4.cs

```
1  using System;
2  class Program
3  {
4      static void Main(string[] args)
5      {
6          int iMark;
7          char cGrade;
8          Console.WriteLine("请输入学生的成绩");
9          iMark=int.Parse(Console.ReadLine());
10         if(iMark>=90)
11             cGrade='A';
12         else if(iMark>=80)
13             cGrade='B';
14         else if(iMark>=70)
15             cGrade='C';
16         else if(iMark>=60)
17             cGrade='D';
18         else
19             cGrade='E';
20         Console.WriteLine("该学生的成绩等级为{0}",cGrade);
21     }
22 }
```

（3）将文件保存到 chap05 文件夹下，并命名为 example5-4.cs。

（4）用 csc 对源代码进行编译并执行。

【程序说明】

① 第 6 行：声明学生成绩变量。

② 第 7 行：声明成绩等级变量。

③ 第 8 行：提示输入学生的成绩。

④ 第 9 行：输入学生的成绩。

⑤ 第 10～19 行：用到了 if 语句的形式 3。

⑥ 第 20 行：输出学生的等级。

课堂实践 5-4

【任务 1】 编写程序：求方程 $ax^2+bx+c=0$ 的解。

该方程有以下几种可能：

（1）$a=0$，不是二次方程。

（2）$b^2-4ac=0$，有两个相等实根。

（3）$b^2-4ac>0$，有两个不等实根。

（4）$b^2-4ac<0$，有两个共轭复根。

【任务 2】使用复杂的选择结构编写程序：运输公司对用户计算运费，距离（s）越远，每千米运费越低。折扣标准如下：

$s<250$	没有折扣
$250 \leqslant s<500$	2%的折扣
$500 \leqslant s<1\,000$	5%的折扣
$1\,000 \leqslant s<2\,000$	8%的折扣
$2\,000 \leqslant s<3\,000$	10%的折扣
$s \geqslant 3\,000$	15%的折扣

设每千米每吨货物的基本运费为 p，货重为 w，折扣为 d，求总运费 f。

5.5　switch 语句

【课堂案例 5-5】编写程序：使用 switch 语句实现【课堂案例 5-4】。

【案例学习目标】掌握 switch 语句的使用。

【案例知识要点】switch 语句。

【案例完成步骤】

（1）初步认识 switch 语句。

（2）实现应用程序。

5.5.1　初步认识 switch 语句

虽然 if 语句的形式 3 能解决多个判断的问题，但从【课堂案例 5-4】可以看出，使用起来不是很方便。而用 switch 语句解决上述问题就简单得多。

switch 语句的语法结构如下：

```
switch(表达式)
{
    case 常量表达式1: {语句块1} break;
    case 常量表达式2: {语句块1} break;
        ...
    case 常量表达式n: {语句块n} break;
    default: {语句块n+1} break;
}
```

功能：首先计算 switch 后面的表达式的值，然后将表达式的值依次与每一个 case 语句的常量表达式的值进行比较。如果找到匹配的值，则执行相应 case 语句块中的语句；如果没找到，则执行 default 语句块中的语句。

> 注意：
>
> （1）switch 语句可以包括任意数目的 case 实例，但是任何两个 case 语句都不能带相同的常量表达式。
>
> （2）在每一个 case 语句块（包括 default 语句块）的后面，通常需要跟一个 break 语句，但有一个例外，就是 case 语句后面没有代码。

对于【课堂案例 5-5】，存在多个判断条件。对于百分制的成绩，整除 10 后，得到的商只能是 0~10 这 11 个数中的一个，所以把 swith 后面的表达式构造为 iMark/10，就能实现 case 后面带常量表达式。因此，我们可以使用 switch 语句解决该问题。

5.5.2　实现应用程序

对于【课堂案例 5-5】，执行以下步骤：

（1）进入 chap05 子文件夹。

（2）在记事本中书写如下代码：

【程序代码】example5-5.cs

```
1  using System;
2  class Program
3  {
4      static void Main(string[] args)
5      {
6          int iMark;
7          char cGrade;
8          Console.WriteLine("请输入学生的成绩");
9          iMark=int.Parse(Console.ReadLine());
10         switch(iMark/10)
11         {
12             case 10:
13             case 9:cGrade='A'; break;
14             case 8:cGrade='B'; break;
15             case 7:cGrade='C'; break;
16             case 6:cGrade='D'; break;
17             default:cGrade='E'; break;
18         }
19         Console.WriteLine("该学生的成绩等级为{0}",cGrade);
20     }
21 }
```

（3）将文件保存到 chap05 文件夹下，并命名为 example5-5.cs。

（4）用 csc 对源代码进行编译并执行。

【程序说明】

① 第 6 行：声明学生成绩的变量。

② 第 7 行：声明成绩等级的变量。

③ 第 8 行：提示输入学生的成绩。

④ 第 9 行：输入学生的成绩。

⑤ 第 10~18 行：用到了 switch 语句。

⑥ 第 19 行：输出学生的等级。

在上述程序中，case 10 后面没有跟任何语句，计算机接下来就执行下一条语句，即 case 9 对应的语句，碰到 break 语句跳出 switch 结构。

课堂实践 5-5

【任务 1】使用 switch 语句编写程序，完成课堂实践 5-4 的【任务 2】。

【任务 2】预测下面程序的输出结果。

```
using System;
class Program
{
    static void Main()
    {
        int n=2;
        switch(n)
        {
            case 1:
            case 2:
            case 3:
                Console.WriteLine("It's 1, 2, or 3.");
                break;
            default:
                Console.WriteLine("Not sure what it is.");
                break;
        }
    }
}
```

5.6　while 语句

【课堂案例 5-6】使用 while 语句编写程序：求 1+2+3+…+100 的值。

【案例学习目标】掌握 while 语句的使用。

【案例知识要点】while 语句。

【案例完成步骤】

（1）初步认识 while 语句。

（2）实现应用程序。

5.6.1　初步认识 while 语句

第 1 章中已介绍过循环结构。while 语句是 C#中实现循环结构最常用的语句之一，它是一种条件型循环。其格式如下：

```
while(条件表达式)
{语句块}
```

while 语句的执行顺序为：

（1）计算条件表达式的值。

（2）当条件表达式的值为真，执行语句块，然后返回到第（1）步。

（3）当条件表达式的值为假，while 循环结束。

while 语句的流程图如图 5-9 所示。

对于【课堂案例 5-6】，在第 1 章已介绍过，这是一个次数固定的循环，所以需要设置一个计数器去统计循环执行的次数。解决该问题的程序流程图如图 5-10 所示。在图 5-10 中，iCount 表示计数器变量，iSum 表示累加的和的变量。

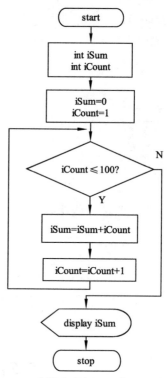

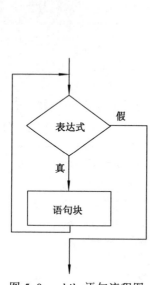

图 5-9 while 语句流程图　　图 5-10 【课堂案例 5-6】的程序流程图

5.6.2 实现应用程序

对于【课堂案例 5-6】，执行以下步骤：

（1）进入 chap05 子文件夹。

（2）在记事本中书写如下代码：

【程序代码】example5-6.cs

```
1  using System;
2  class Program
3  {
4      static void Main(string[] args)
5      {
6          int iCount;
7          int iSum;
8          iCount=1;
9          iSum=0;
10         while(iCount<=100)
11         {
12             iSum+=iCount;
13             iCount++;
14         }
15         Console.WriteLine("1+2+…+100={0}",iSum);
16     }
17 }
```

（3）将文件保存到 chap05 文件夹下，并命名为 example5-6.cs。

（4）用 csc 对源代码进行编译并执行。

【程序说明】

① 第 6 行：声明计数器变量 iCount。

② 第 7 行：声明累加和的变量 iSum。

③ 第 8 行：初始化 iCount 的值为 1。

④ 第 9 行：初始化 iSum 的值为 0。

⑤ 第 10～14 行：用 while 语句构造的循环。

⑥ 第 12 行：实现累加。

⑦ 第 13 行：iCount 自增 1，使循环趋向结束。

⑧ 第 15 行：输出 1+2+…+100 的值。

> **注意：**
>
> （1）在使用循环语句时，必须要有使循环趋向结束的语句，否则会导致死循环。如上述例子中的"iCount++;"就是使循环趋向结束的语句。
>
> （2）当循环体中语句超过一条时，必须用大括号"{ }"括起来，否则循环的范围只包含紧跟在 while 后面的第一条语句，而对于上述例子就会造成死循环。

课堂实践 5-6

【任务 1】 使用 while 语句编写程序：求 1!+2!+…+n!的值。

【任务 2】 使用 while 语句编写程序：有一分数序列 $\dfrac{2}{1}, \dfrac{3}{2}, \dfrac{5}{3}, \cdots$ 求出这个分数序列前 20 项之和。

5.7　do…while 语句

【课堂案例 5-7】 使用 do…while 语句编写程序：在学生成绩管理系统中，要输入学生的信息并显示，当用户输入 Y 或 y 时继续输入，其他情况退出输入。学生的信息包括学生的学号、姓名、出生年月、性别、入学时间、家庭地址、联系电话和备注。

【案例学习目标】 掌握 do…while 语句的使用。

【案例知识要点】 do…while 语句。

【案例完成步骤】

（1）初步认识 do…while 语句。

（2）实现应用程序。

5.7.1　初步认识 do…while 语句

do…while 语句也是 C#中实现循环结构最常用的语句之一。它是一种直到型循环。其格式如下：

```
do
    {语句块}
while(条件表达式)
```

do...while 语句的执行顺序为：

（1）执行循环体。

（2）计算条件表达式，如果结果为真，回到第（1）步继续执行；如果为假，则终止 do...while 循环。

do...while 语句的流程图如图 5-11 所示。

对于【课堂案例 5-7】，在第 1 章已介绍过，需要使用次数可变的循环结构。解决该问题的程序流程图如图 5-12 所示。

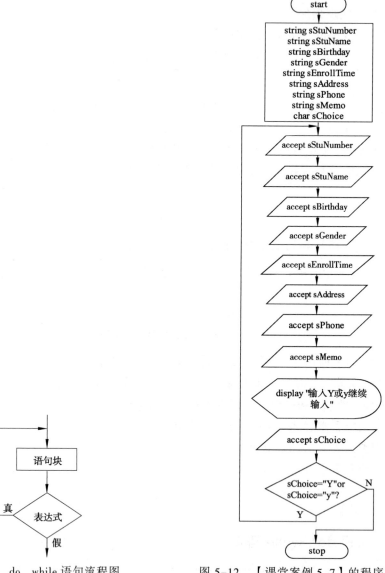

图 5-11　do...while 语句流程图　　　　图 5-12　【课堂案例 5-7】的程序流程图

在图 5-12 中，变量 sStuNumber 表示学生的学号，sStuName 表示学生的姓名，sBirthday 表示出生年月，sGender 表示性别，sEnrollTime 表示入学日期，sAddress 表示联系地址，sPhone 表示联系电话，sMemo 表示备注，sChoice 表示是否继续输入的变量。

5.7.2　实现应用程序

对于【课堂案例 5-7】，执行以下步骤：

（1）进入 chap05 子文件夹。

（2）在记事本中书写如下代码：

【程序代码】example5-7.cs

```
1  using System;
2  class Program
3  {
4     static void Main(string[] args)
5     {
6        string sStuNumber;
7        string sStuName;
8        string sBirthday;
9        string sGender;
10       string sEnrollTime;
11       string sAddress;
12       string sPhone;
13       string sMemo;
14       string sChoice;
15       Console.WriteLine("请输入学生的基本资料！");
16       do
17       {
18          Console.Write("学号: ");
19          sStuNumber=Console.ReadLine();
20          Console.Write("姓名: ");
21          sStuName=Console.ReadLine();
22          Console.Write("出生年月: ");
23          sBirthday=Console.ReadLine();
24          Console.Write("性别: ");
25          sGender=Console.ReadLine();
26          Console.Write("入学日期: ");
27          sEnrollTime=Console.ReadLine();
28          Console.Write("联系地址: ");
29          sAddress=Console.ReadLine();
30          Console.Write("联系电话: ");
31          sPhone=Console.ReadLine();
32          Console.Write("备注: ");
33          sMemo=Console.ReadLine();
34          Console.WriteLine("继续输入学生吗？(Yes/No)");
35          sChoice=Console.ReadLine();
36       } while(sChoice=="Y"||sChoice=="y");
37    }
38 }
```

（3）将文件保存到 chap05 文件夹下，并命名为 example5-7.cs。

（4）用 csc 对源代码进行编译并执行。

【程序说明】

① 第 6 行：声明学生编号变量 sStuNumber。

② 第 7 行：声明学生姓名变量 sStuName。

③ 第 8 行：声明出生年月变量 sBirthday。

④ 第 9 行：声明性别变量 sGender。

⑤ 第 10 行：声明入学日期变量 sEnrollTime。

⑥ 第 11 行：声明联系地址变量 sAddress。

⑦ 第 12 行：声明联系电话变量 sPhone。

⑧ 第 13 行：声明备注变量 sMemo。

⑨ 第 14 行：声明是否继续输入变量 sChoice。

⑩ 第 16～36 行：do...while 构造的循环语句。

说明：while 和 do...while 语句非常相似，不同之处在于 while 语句先判断条件表达式，而 do...while 语句后判断条件表达式。由此可看出，while 语句可能一次循环都不执行（条件表达式的结果一开始就为假），而 do...while 语句至少执行一次循环。

课堂实践 5-7

【任务 1】使用 do...while 语句编写程序：用迭代法求 $x=\sqrt{a}$ 。求平方根的迭代公式为：

$$x_{n+1}=\frac{1}{2}\left(x_n+\frac{a}{x_n}\right)$$

要求前后两次求出的 x 的绝对值小于 10^{-5}。

【任务 2】使用 do...while 语句编写程序：在学生成绩管理系统中，要输入学生的成绩信息并显示，当用户输入 Y 或 y 时继续输入，其他情况退出输入。学生的成绩信息包括学生的学号、课程号和课程成绩。

5.8　for 语句

【课堂案例 5-8】使用 for 语句编写程序：求 $1!+2!+\cdots+n!$ 的值。

【案例学习目标】掌握 for 语句的使用。

【案例知识要点】for 语句。

【案例完成步骤】

（1）初步认识 for 语句。

（2）实现应用程序。

5.8.1　初步认识 for 语句

for 语句是 C#中构造循环最简单、灵活的语句，特别是对次数固定的循环。相对 while 语句和 do...while 语句，for 语句使用起来更方便。其使用的一般格式为：

```
for(表达式1;表达式2;表达式3)
{语句块}
```

它的执行过程如下：

（1）求解表达式 1。

（2）求解表达式 2，若其值为真，则执行 for 的语句块，接下来执行第（3）步；若为假，则结束循环，转到第（5）步。

（3）求解表达式 3。

（4）转回上面第（2）步继续执行。

（5）结束循环，执行 for 语句后面的第一条语句。

for 语句的执行过程如图 5-13 所示。

对于【课堂案例 5-8】，要用 for 语句解决该问题，我们需要构造出 for 语句中的三个表达式。解决该问题的程序流程图如图 5-14 所示。

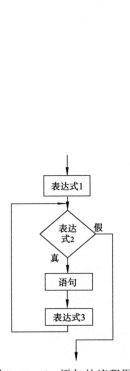

图 5-13　for 语句的流程图

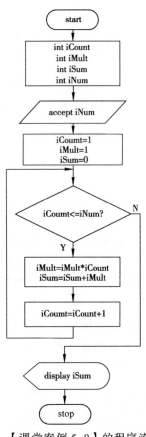

图 5-14　【课堂案例 5-8】的程序流程图

在图 5-14 中，iCount 表示计数器变量，iMult 表示阶乘变量，iSum 表示累加和变量，iNum 表示要输入值的变量。

5.8.2　实现应用程序

对于【课堂案例 5-8】，执行以下步骤：

（1）进入 chap05 子文件夹。

（2）在记事本中书写如下代码：

【程序代码】example5-8.cs

```
1  using System;
2  class Program
3  {
4      static void Main(string[] args)
5      {
6          int iCount;
7          int iNum;
8          int iMult;
9          int iSum;
10         Console.WriteLine("请输入一个正整数");
11         iNum=int.Parse(Console.ReadLine());
12         for(iCount=1,iSum=0,iMult=1;iCount<=iNum;iCount++)
13         {
14             iMult*=iCount;
15             iSum+=iMult;
16         }
17         Console.WriteLine("iSum={0}",iSum);
18     }
19 }
```

（3）将文件保存到 chap05 文件夹下，并命名为 example5-8.cs。

（4）用 csc 对源代码进行编译并执行。

【程序说明】

① 第 6 行：声明计数器变量 iCount。

② 第 7 行：声明要输入值的变量 iNum。

③ 第 8 行：声明阶乘变量 iMult。

④ 第 9 行：声明累加和的变量 iSum。

⑤ 第 10 行：提示输入一个正整数。

⑥ 第 11 行：接收一个正整数。

⑦ 第 12～16 行：使用 for 语句构造的循环体。

⑧ 第 17 行：输出累加和。

说明：

（1）在 for 语句一般形式中，表达式 1 可以省略，此时表达式 1 就写在 for 语句之上。如上述例子，for 语句可以写成：

```
iCount=1;
iSum=0;
iMult=1;
for(;iCount<=iNum;iCount++)
{
    iMult*=iCount;
    iSum+=iMult;
}
```

（2）如果表达式 2 省略，即不判断循环条件，循环会无终止地执行下去，也就是计算机默认循环条件为真。

（3）表达式 3 也可以省略，但这时需要在循环体中有使循环趋向结束的语句。如上述例子，for 语句可写成：

```
for(iCount=1,iSum=0,iMult=1;iCount<=iNum;)
{
    iMult*=iCount;
    iSum+=iMult;
    iCount++;
}
```

（4）在 for 语句中表达式 1 中如果需要对多个表达式进行初始化，各表达式之间用逗号分隔。如上述例子就是。当然，还可以把部分表达式移到 for 语句之上。如上述例子的 for 语句可写成：

```
iSum=0;
iMult=1;
for(iCount=1;iCount<=iNum;iCount++)
{
    iMult*=iCount;
    iSum+=iMult;
}
```

课堂实践 5-8

【任务 1】使用 for 语句编写程序：求 $s_n=a+aa+aaa+\cdots+aa\cdots a$ 的值，其中 a 是一个数字，$aa\cdots a$ 表示 n 个 a，a 和 n 由键盘输入。

【任务 2】打印出所有的"水仙花数"。"水仙花数"是指一个三位数，其各位数字的立方和等于该数本身。例如，153 是一个"水仙花数"，因为 $153=1^3+5^3+3^3$。

5.9　使用 break 语句终止循环

【课堂案例 5-9】编写程序：输入一个整数 n，判断该数是否为素数。

【案例学习目标】掌握 break 语句的使用。

【案例知识要点】break 语句。

【案例完成步骤】

（1）初步认识 break 语句。

（2）实现应用程序。

5.9.1　初步认识 break 语句

在前面介绍的 swicth 语句中，break 语句的作用是使程序跳出 switch 语句结构。在循环程序中，break 语句的作用是使程序终止当前循环。

考虑下面的循环结构：

```
while(表达式1)
{
    ...
    if(表达式2) break;
    ...
}
```

该循环结构对应的流程图如图 5-15 所示。

从图 5-15 可看出，当表达式 2 的结果为真时，就会跳出循环结构。

对于【课堂案例 5-9】，判断数 n 是否为素数，就是在 $2 \sim \sqrt{n}$ 的整数区间内，让 n 跟该区间内的任何一个数相除，如果找到一个能整除的，则说明该数不是素数，不需要跟后面的数相除了；如果 n 不能被 $2 \sim \sqrt{n}$ 中任何一个整数整除，则说明该数是素数。从该描述可看出，当判断出一个数不是素数的时候，就不需要再进行整除的判断了，即提前结束判断，用 break 语句刚好能解决这类问题。解决该问题的程序流程图如图 5-16 所示。

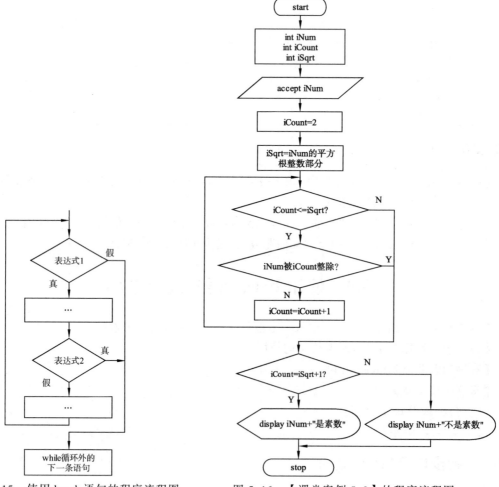

图 5-15　使用 break 语句的程序流程图　　　　图 5-16　【课堂案例 5-9】的程序流程图

在图 5-16 中，变量 iNum 表示要输入的数，iCount 表示计数器，iSqrt 表示取 iNum 平方根的整数部分。

5.9.2 实现应用程序

对于【课堂案例 5-9】，执行以下步骤：

（1）进入 chap05 子文件夹。

（2）在记事本中书写如下代码：

【程序代码】example5-9.cs

```
1  using System;
2  class Program
3  {
4      static void Main(string[] args)
5      {
6          int iCount;
7          int iNum;
8          int iSqrt;
9          Console.WriteLine("请输入一个正整数: ");
10         iNum=int.Parse(Console.ReadLine());
11         iSqrt=(int)Math.Sqrt(iNum);
12         for(iCount=2;iCount<=iSqrt;iCount++)
13         {
14             if(iNum%iCount==0)
15                 break;
16         }
17         if(iCount==iSqrt+1)
18             Console.WriteLine("{0}是素数",iNum);
19         else
20             Console.WriteLine("{0}不是素数",iNum);
21     }
22 }
```

（3）将文件保存到 chap05 文件夹下，并命名为 example5-9.cs。

（4）用 csc 对源代码进行编译并执行。

【程序说明】

① 第 6 行：声明计数器变量 iCount。

② 第 7 行：声明要输入的整数变量 iNum。

③ 第 8 行：声明平方根变量 iSqrt。

④ 第 9 行：提示输入一个正整数。

⑤ 第 10 行：接收一个正整数。

⑥ 第 11 行：取 iNum 的平方根的整数部分。

⑦ 第 12～16 行：for 语句构造的循环体。

⑧ 第 14～15 行：当 iNum 整除 iCount 时，结束循环。

⑨ 第 17～20 行：如果不是提前结束循环，即在 iCount 等于 iSqrt+1 时结束循环，那么该数是素数，否则该数不是素数。

课堂实践 5-9

阅读下面的程序并预测该程序的输出结果。

```
using System;
class Program
{
    static void Main(string[] args)
    {
        for(int i=1;i<=100;i++)
        {
            if(i==3)
                break;
            Console.WriteLine(i);
        }
    }
}
```

5.10　使用 continue 语句结束本次循环

【课堂案例 5-10】编写程序：将 1～100 之间不能被 3 整除的数输出。

【案例学习目标】掌握 continue 语句的使用。

【案例知识要点】continue 语句。

【案例完成步骤】

（1）初步认识 continue 语句。

（2）实现应用程序。

5.10.1　初步认识 continue 语句

continue 语句的作用是结束本次循环而强制执行下一次循环。和 break 语句不同，continue 语句不是终止整个循环，而是仅终止当前循环。其语法格式为：

```
continue;
```

考虑下面的循环结构：

```
while(表达式1)
{
    ...
    if(表达式2) continue;
    ...
}
```

该循环结构对应的流程图如图 5-17 所示。

对于【课堂案例 5-10】，要输出 1～100 之间不能被 3 整除的数，也就是如果该数能被 3 整除，我们不做任何处理，否则就需要输出该数，用 continue 语句能解决这类问题。解决该问题的流程图如图 5-18 所示。

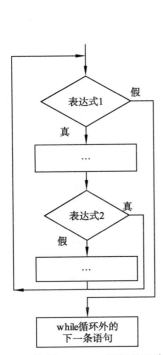

图 5-17　使用 continue 语句的程序流程图

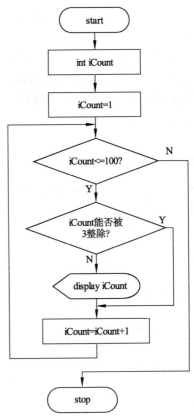

图 5-18　【课堂案例 5-10】的程序流程图

5.10.2　实现应用程序

对于【课堂案例 5-10】，执行以下步骤：

（1）进入 chap05 子文件夹。

（2）在记事本中书写如下代码：

【程序代码】example5-10.cs

```
1  using System;
2  class Program
3  {
4      static void Main(string[] args)
5      {
6          int iCount;
7          for(iCount=1;iCount<=100;iCount++)
8          {
9              if(iCount%3==0)
10                 continue;
11             Console.WriteLine(iCount);
12         }
13     }
14 }
```

（3）将文件保存到 chap05 文件夹下，并命名为 example5-10.cs。

（4）用 csc 对源代码进行编译并执行。

【程序说明】

① 第 6 行：声明计数器变量 iCount。

② 第 7～12 行：for 语句构造的循环体。

③ 第 9～10 行：如果 iCount 能被 3 整除，结束本次循环。

④ 第 11 行：输出 iCount。

课堂实践 5-10

阅读下面的程序并预测该程序的输出结果。

```
using System;
class Program
{
    static void Main(string[] args)
    {
        for(int i=1;i<=10;i++)
        {
            if(i<4)
                continue;
            Console.WriteLine(i);
        }
    }
}
```

5.11 内嵌的循环结构

【课堂案例 5-11】编写程序：求 100～200 之间的所有素数并输出。

【案例学习目标】掌握内嵌的循环结构的使用。

【案例知识要点】内嵌的循环结构。

【案例完成步骤】

（1）初步认识内嵌的循环结构。

（2）实现应用程序。

5.11.1 初步认识内嵌的循环结构

第 1 章已介绍过内嵌的循环结构。下面列举了 C#中几种常见的内嵌循环结构。

（1）while()
```
    {
        …
        while()
        {
            …
        }
        …
    }
```

（2）while()
```
    {
        …
        do
        {
            …
        }while();
        …
    }
```

（3）for(;;)
```
for(;;)
{
    ...
    for(;;)
    {
        ...
    }
    ...
}
```

（4）for(;;)
```
for(;;)
{
    ...
    while()
    {
        ...
    }
    ...
}
```

对于【课堂案例 5-11】，我们已经知道，判断一个数是否为素数要用到一个循环结构；遍历 100～200 之间的所有数也要用到一个循环结构，即在一个循环中要内嵌一个循环。解决该问题的流程图如图 5-19 所示。

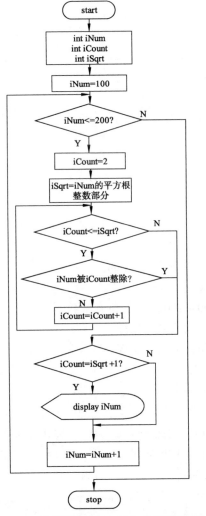

图 5-19　【课堂案例 5-11】的程序流程图

5.11.2　实现应用程序

对于【课堂案例 5-11】，执行以下步骤：

（1）进入 chap05 子文件夹。

（2）在记事本中书写如下代码：

【程序代码】example5-11.cs

```
1  using System;
2  class Program
3  {
4      static void Main(string[] args)
5      {
6          int iCount;
7          int iNum;
8          int iSqrt;
9          Console.WriteLine("100~200 之间的所有素数为: ");
10         for(iNum=100;iNum<=200;iNum++)
11         {
12             iSqrt=(int)Math.Sqrt(iNum);
13             for(iCount=2;iCount<=iSqrt;iCount++)
14             {
15                 if(iNum%iCount==0)
16                     break;
17             }
18             if(iCount==iSqrt+1)
19                 Console.WriteLine(iNum);
20         }
21     }
22 }
```

（3）将文件保存到 chap05 文件夹下，并命名为 example5-11.cs。

（4）用 csc 对源代码进行编译并执行。

【程序说明】

① 第 6 行：声明计数器变量 iCount。

② 第 7 行：声明要输入的整数变量 iNum。

③ 第 8 行：声明平方根变量 iSqrt。

④ 第 9 行：提示输出 100～200 之间的所有素数。

⑤ 第 10～20 行：for 语句构成的外循环。

⑥ 第 13～17 行：for 语句构成的内循环。

课堂实践 5-11

【任务 1】编写程序：一个数如果恰好等于它的因子之和，这个数就称为"完数"。例如，6 的因子为 1、2、3，而 6=1+2+3，因此 6 是"完数"。输出 1 000 以内的所有完数。

【任务 2】编写程序：两个乒乓球队进行比赛，各出三人，甲队为 A、B、C 三人，乙队为 X、Y、Z 三人。已抽签决定比赛的对阵名单。有人向队员打听比赛的对阵名单，A 说他不和 X 比，C 说他不和 X、Z 比，找出三队赛手的对阵名单。

思考与练习

一、填空题

1. 在 C#语言中，提供了两种实现选择结构设计的语句，分别为_____语句和_____语句。

2. 在循环语句中，break 的作用是_____。

3. continue 语句的作用是_____。

4. 下面程序的运行结果是_____。

```
using System;
class Program
{
    static void Main(string[] args)
    {
        int a,s,n,count;
        a=2;s=0;n=1;count=1;
        while(count<=7){n=n*a;s=s+n;++count;}
        Console.WriteLine("s={1}",s);
    }
}
```

5. 下面程序段的运行结果是_____。

```
i=1;s=3;
do{s+=i++;
    if(s%7==0)continue;
    else ++i;
}while(s<15);
Console.WriteLine(i);
```

二、选择题

1. 已知 int x=10,y=20,z=30;，以下语句执行后 x、y、z 的值是（   ）。

```
if(x>y) z=x;x=y;y=z;
```

    A. x=10, y=20, z=30   B. x=20, y=30, z=30

    C. x=20, y=30, z=10   D. x=20, y=30, z=20

2. 若希望当 A 的值为奇数时，表达式的值为"真"；A 的值为偶数时，表达式的值为"假"。则以下不能满足要求的表达式是（   ）。

    A. A%2==1   B. !(A%2==0)   C. !(A%2==1)

3. 下面程序段的运行结果是（   ）。

```
int n=0;
while(n++<=2);Console.WriteLine(n);
```

    A. 2   B. 3   C. 4   D. 有语法错误

4. 若 i 为整型变量，则以下循环执行次数是（   ）。

```
for(i=2;i==0;) Console.WriteLine(i--);
```

    A. 无限次   B. 0 次   C. 1 次   D. 2 次

5. 以下正确的描述是（   ）。

    A. continue 语句的作用是结束整个循环的执行

    B. 只能在循环体内和 switch 语句体内使用 break 语句

    C. 在循环体内使用 break 语句或 continue 语句的作用相同

    D. 从多层循环嵌套中退出时，只能使用 goto 语句

第6章

数 组

本章主要介绍数组的概念和使用，为在实际应用中使用好数组技术奠定基础。学习本章后要达到如下 4 个学习目标：

学习目标	☑ 了解数组的概念。 ☑ 掌握一维数组的定义和使用。 ☑ 掌握二维数组的定义和使用。 ☑ 熟悉 ArrayList 的使用。

6.1 数组概述

数组是一些具有相同数据类型的数据按一定的顺序组成的序列。

图 6-1 描述了一个数组的模型，命名了数组的名称 array，该数组有 6 个单元，每个单元存放一个数组元素。每个单元都有一个相对存放的位置，称为数组的下标，下标从 0 开始计数。在图 6-1 中第一个数组单元的下标为 0，最后一个单元的下标为 5。

图 6-1 数组模型

在 C#中，数组是从 System.Array 类派生出来的引用类型变量，数组类提供了几种功能强大的方法，使用户能够对数组执行排序、搜索和逆序存放等操作。

6.2 一维数组

【课堂案例 6-1】给定 5 个数：25、14、13、8、7。将它们存储在一个数组中，按"冒泡"排序法将其按从小到大的顺序输出。

【案例学习目标】
• 掌握数组的定义、初始化和引用。
• 掌握"冒泡"排序法。

【案例知识要点】数组的定义、初始化和"冒泡"排序法。

【案例完成步骤】

（1）定义一维数组。

（2）初始化一维数组。

（3）引用一维数组。

（4）理解"冒泡"排序法的思路。

（5）实现应用程序。

6.2.1 定义一维数组

同变量一样，数组也必须是"先定义，后使用"。定义数组的格式如下：

数据类型[] 数组名；

例如：

int[] array; //定义了一个名为 array 的一维整型数组

对于【课堂案例 6-1】，我们要使用数组，所以需要定义一个如下的数组：

int[] array;

> 说明：
> （1）数组名的命名规则和变量名相同，遵循标识符命名规则。
> （2）在数组数据类型后面要跟一个方括号，表明现在定义一个数组变量。

6.2.2 初始化一维数组

在 C#中，定义数组后必须对其进行初始化才能使用。初始化数组有两种方法：静态初始化和动态初始化。

1. 静态初始化

当数组中包含的元素不多，且初始元素值是已知的时，可以采用静态初始化。在静态初始化数组时，必须与数组的定义结合在一起。

格式：

数组类型[] 数组名={元素 1,元素 2,…,元素 n}；

例如：

int[] arr={1,2,3,4,5};

使用这种方法对数组进行初始化，无须说明数组元素的个数，只需按顺序列出数组中的全部元素即可，系统会自动计算并分配数组所需的内存空间。

2. 动态初始化

动态初始化需要用 new 运算符将数组实例化为一个对象，再为该数组对象分配内存空间，并为数组元素赋初值。

格式：

数据类型[] 数组名；
数组名=new 数据类型[表达式]；

或直接写成：

数据类型[] 数组名=new 数据类型[表达式]；

例如：

int[] arr;
arr=new int[5];

或

```
int[] arr=new int[5];
```

对于【课堂案例 6-1】，我们可以用静态初始化的方法，也可以用动态初始化的方法。

静态初始化的方法：

```
int[] array={25,14,13,8,7};
```

动态初始化的方法：

```
int[] array=new int[5]{25,14,13,8,7};
```

6.2.3 引用一维数组

当定义好一个数组后，就可以引用数组中的元素了。C#是通过数组名和元素的下标去引用数组元素的。其引用格式如下：

数组名[下标]

例如，要给已定义的 arr 数组的第一个元素赋值 3，需要使用的语句为：

```
arr[0]=3;
```

要显示输出第一个元素，需要的语句为：

```
Console.WriteLine(arr[0]);
```

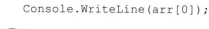 **相关知识**

（1）在 C#中，当我们需要访问整个数据中的元素时，常采用 foreach 这个循环结构来实现。foreach 语句的语法如下：

```
foreach(type identifier in expression)
{
    语句块
}
```

下面的代码解释了 foreach 语句的使用：

```
class Program
{
    static void Main(string[] args)
    {
        int[] arr=new int[5]{1,2,3,4,5};
        foreach(int iNum in arr)
        {
            Console.WriteLine(iNum);
        }
    }
}
```

该应用程序的运行结果为：

```
1
2
3
4
5
```

（2）数组变量可以直接赋给另一个数组变量。

例如：

```
int[] source=new int[5]{0,1,4,6,7}
int[] target=source;
```

6.2.4 理解"冒泡"排序法的思路

"冒泡"排序法的思想是：相邻的两个数进行比较，将较小的数调到前面，如图 6-2 所示。

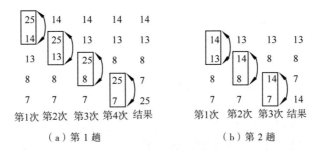

（a）第 1 趟　　　　　　　　（b）第 2 趟

图 6-2　"冒泡"排序法

如上述的 5 个数，对两个数进行比较，次序不符合要求的就进行交换。第 1 次 25 和 14 进行比较，不满足次序要求，进行交换；第 2 次 25 和 13 进行比较，不满足要求，进行交换……总共进行 4 次，得到 14-13-8-7-25 的顺序。可以看到，最大的数已经"沉底"。经过第 1 趟（共 4 次）后，得到了最大的数。然后进行第 2 趟操作，对剩下的 4 个数再进行比较，不满足要求则交换，得到次大的数沉底。如此进行下去，可以推知，对 5 个数要比较 4 趟，在第 1 趟 5 个数中进行两个数之间的比较要 4 次，在第 2 趟中 3 次，……，第 4 趟中 1 次。如果有 n 个数，则要进行 $n-1$ 趟比较。在第 1 趟中要进行 $n-1$ 次比较，在第 j 中要进行 $n-j$ 次比较。

6.2.5 实现应用程序

对于【课堂案例 6-1】，执行以下步骤：

（1）在已创建的 CSharpSource 文件夹下再创建 chap06 子文件夹。

（2）在记事本中书写如下代码：

【程序代码】example6-1.cs

```
1  using System;
2  class Program
3  {
4      static void Main(string[] args)
5      {
6          int[] array=new int[5]{25,14,13,8,7};
7          int i,j;
8          for(i=0;i<5;i++)
9              for(j=0;j<4-i;j++)
10             {
11                 if(array[j]>array[j+1])
12                 {
13                     int iTemp;
14                     iTemp=array[j];
15                     array[j]=array[j+1];
16                     array[j+1]=iTemp;
```

```
17                    }
18                }
19            for(i=0;i<5;i++)
20                Console.Write(array[i].ToString()+"  ");
21        }
22 }
```

（3）将文件保存到 chap06 文件夹下，并命名为 example6-1.cs。

（4）用 csc 对源代码进行编译并执行。

【程序说明】

① 第 6 行：定义一个一维数组并初始化。

② 第 8～18 行：对数组进行冒泡排序。

③ 第 11～17 行：将相邻的两个数进行比较，不符合排序要求时就进行交换。

④ 第 19～20 行：输出排序后的数组的各元素。

课堂实践 6-1

【任务 1】编写程序：输入 10 个整数，按"冒泡"排序法将其按从小到大的顺序输出。

【任务 2】编写程序：将一个数组中的元素按逆序重新排列。例如，原来的顺序为 7、9、12、17，要求改为 17、12、9、7。

6.3 二 维 数 组

【课堂案例 6-2】将一个矩阵的行和列元素互换，存到另一个矩阵中。例如：

$$A = \begin{pmatrix} 1 & 2 & 3 \\ 4 & 5 & 6 \end{pmatrix} \qquad B = \begin{pmatrix} 1 & 4 \\ 2 & 5 \\ 3 & 6 \end{pmatrix}$$

【案例学习目标】掌握二维数组的定义、初始化和引用。

【案例知识要点】二维数组的定义、初始化和引用。

【案例完成步骤】

（1）定义二维数组。

（2）初始化二维数组。

（3）引用二维数组。

（4）实现应用程序

6.3.1　定义二维数组

在 C#中，二维数组的定义格式如下：

数据类型[,] 数组名;

例如：

int[,] array;

对于【课堂案例 6-2】，定义两个二维数组如下：

```
int[,] arr1;          //行列转化前的数组
int[,] arr2;          //行列转化后的数组
```

6.3.2　初始化二维数组

与一维数组类似，二维数组也包括两种初始化的方法，即静态初始化和动态初试化。

1. 静态初始化

例如：

```
int[,] array={{1,3},{3,5},{6,7}}
```

定义了一个 3 行 2 列的整形二维数组并进行了静态初始化。

2. 动态初试化

例如：

```
int[,] arr=new int[3,2];
```

定义了一个 3 行 2 列的整形二维数组并进行了动态初始化。

对于【课堂案例 6-2】，我们可以用静态初始化的方法，也可以用动态初始化的方法。

对于行列转换前的数组，采用静态初始化方法：

```
int[,] arr1={{1,2,3},{4,5,6}};
```

对于行列转化后存放的数组，采用动态初始化方法：

```
int[,] arr2=new int[3,2];
```

6.3.3　引用二维数组

与一维数组类似，二维数组也是通过数组名和下标值来访问数组元素的。不同的地方在于二维数组需要两个下标来标志一个数组元素，二维数组的引用形式如下：

数组名[下标 1, 下标 2]

6.3.4　实现应用程序

对于【课堂案例 6-2】，执行以下步骤：

（1）在记事本中书写如下代码：

【程序代码】example6-2.cs

```
1  using System;
2  class Program
3  {
4      static void Main(string[] args)
5      {
6          int[,] arr1={{1,2,3},{4,5,6}};
7          int[,] arr2=new int[3,2];
8          int i,j;
9          for(i=0;i<=1;i++)
10             for(j=0;j<=2;j++)
11             {
12                 arr2[j,i]=arr1[i,j];
13             }
14         Console.WriteLine("数组");
```

```
15          for(i=0;i<=1;i++)
16          {
17              for(j=0;j<=2;j++)
18                  Console.Write(arr1[i,j].ToString()+"  ");
19              Console.WriteLine();
20          }
21          Console.WriteLine("经过转置后的数组为:");
22          for(i=0;i<=2;i++)
23          {
24              for(j=0;j<=1;j++)
25                  Console.Write(arr2[i,j].ToString()+"  ");
26              Console.WriteLine();
27          }
28      }
29 }
```

（2）将文件保存到 chap06 子文件夹下，并命名为 example6-2.cs。

（3）用 csc 对源代码进行编译并执行。

【程序说明】

① 第 6 行：定义并初始化行列转换前的二维数组 arr1。

② 第 7 行：定义并动态初始化存放转换后结果的二维数组 arr2。

③ 第 8 行：定义两个计数器变量 i、j。

④ 第 9～13 行：用一个二重循环实现把二维数组 arr1 行列转换并存放到二维数组 arr2 中。

⑤ 第 14 行、第 21 行：提示数组输出。

⑥ 第 15～20 行：以 2 行 3 列的方式输出 arr1 数组中的各个元素。

⑦ 第 22～27 行：以 3 行 2 列的方式输出 arr2 数组中的各个元素。

课堂实践 6-2

　　【任务 1】假设某个班有五名学生，每个学生有四门课程，输入学生的各科成绩，并求每个学生的平均成绩。

　　【任务 2】编写程序，打印出以下的杨辉三角形（要求打印出 10 行）。

```
        1
      1   1
    1   2   1
  1   3   3   1
1   4   6   4   1
        ................
```

6.4　ArrayList

【课堂案例 6-3】阅读下面的程序并预测程序的输出结果。

```
1  using System;
```

```
2  using System.Collections;
3  public class Example
4  {
5      public static void Main()
6      {
7          ArrayList stringList=new ArrayList();
8          stringList.Add("How");
9          stringList.Add("are");
10         stringList.Add("you");
11         Console.WriteLine("第{0}元素是: \"{1}\"",2,stringList[2]);
12         Console.WriteLine("该数组的元素个数为: {0}",stringList.Count);
13         foreach (object o in stringList)
14         {
15             Console.WriteLine(o);
16         }
17     }
18 }
```

【案例学习目标】掌握 ArrayList 的使用。

【案例知识要点】ArrayList。

【案例完成步骤】

（1）初步认识 ArrayList。

（2）预测程序的输出结果。

6.4.1 初步认识 ArrayList

在 C#中，ArrayList 被称为动态数组，它的存储空间可以被动态改变，同时还拥有添加、删除元素的功能。定义 ArrayList 数组与前面定义一维或二维数组的方法有点不同。它定义的格式如下：

ArrayList 数组名=new ArrayList();

或

ArrayList 数组名=new ArrayList(数组大小);

例如：

ArrayList arr=new ArrayList();   //定义一个 ArrayList 数组 arr

ArrayList arr=new ArrayList(5);   //定义一个 ArrayList 数组 arr，并设置其大小为 5

ArrayList 有很多方法和属性，这些方法和属性提供了强大的功能。

ArrayList 的一些常用的属性如表 6-1 所示。

表 6-1 ArrayList 的常用属性

属 性	描 述
Capacity	获取或设置 ArrayList 可包含的元素数
Count	获取 ArrayList 中实际包含的元素数

ArrayList 的一些常用的方法如表 6-2 所示。

表 6-2　ArrayList 的常用方法

属　　　性	描　　　述
Add	将对象添加到 ArrayList 的结尾处
Clear	从 ArrayList 中移除所有元素
Insert	将元素插入 ArrayList 的指定索引处
Sort	对 ArrayList 或其一部分元素进行排序
TrimToSize	将容量设置为 ArrayList 中元素的实际数目
Remove	从 ArrayList 中移除特定对象的第一个匹配项

对于【课堂案例 6-3】：

① 第 2 行：在使用 ArrayList 的时候，必须使用 System.Collections 命名空间。

② 第 7 行：定义并实例化一个 ArrayList 数组对象。

③ 第 8～10 行：使用 Add 方法向数组里面添加元素。

④ 第 11 行：输出 stringList 数组中指定索引位置的元素。

⑤ 第 12 行：使用 ArrayList 的 Count 属性输出数组元素的个数。

⑥ 第 13～16 行：采用 foreach 语句输出 ArrayList 中的各个元素。

6.4.2　预测程序的输出结果

分析该程序，【课堂案例 6-3】的输出结果为：

第 2 元素是："you"
该数组的元素个数为：3
How
are
you

课堂实践 6-3

阅读下面的程序并预测程序的输出结果。

```
1  using System;
2  using System.Collections;
3  public class Program
4  {
5      public static void Main()
6      {
7          ArrayList stringList=new ArrayList();
8          stringList.Add("Hello");
9          stringList.Add("world");
10         stringList.Add("!");
11         Console.WriteLine("该数组的元素个数为: {0}",stringList.Count);
12         foreach(object o in stringList)
13         {
14             Console.WriteLine(o);
15         }
16     }
17 }
```

思考与练习

一、填空题

1. 数组是_____。

2. 初始化数组的方法有_____。

3. 数组的下标从_____开始。

二、选择题

1. 正确定义一维数组 a 的方法是（   ）。

    A．int a[10];   B．int a(10);

    C．int[] a;   D．int [10] a;

2. 正确定义二维数组 a 的方法是（   ）。

    A．int a[3][4];   B．int a(3,4);

    C．int[,] a;   D．int[3,4] a;

三、简答题

如何实现数组的初始化？

第 **7** 章

函　数

本章主要介绍函数的概念、函数的使用、函数参数的定义以及递归算法，为在实际应用中使用函数技术奠定基础。学习本章后要达到如下 7 个学习目标：

学习目标	☑ 了解函数的概念。 ☑ 掌握函数的定义和使用。 ☑ 熟悉值类型参数的定义和使用。 ☑ 熟悉引用类型参数的定义和使用。 ☑ 熟悉输出型参数的定义和使用。 ☑ 熟悉数组型参数的定义和使用。 ☑ 熟悉递归算法的运用。

7.1　函　数　概　述

第 1 章已经介绍过模块，在 C#中，使用函数（又称方法）可以实现模块化。函数是完成特定功能的程序块，由一条或多条程序语句构成。函数对于执行重复的任务十分有用。它可以将应用程序分割成独立的逻辑单元，从而增加程序的可读性，有利于维护和调试代码。

函数可以互相调用，图 7–1 描述了函数的互相调用。

在图 7–1 中，Main()函数调用了 fun1()和 fun2()，fun1()调用了 fun3()和 fun4()，fun2()调用了 fun5()和 fun6()。

需要注意的是，一个 C#应用程序只能有一个 Main()函数，Main()函数是程序的入口，Main()函数能调用其他函数，但其他函数不能调用 Main()函数。

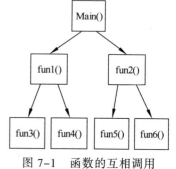

图 7–1　函数的互相调用

7.2　函　　　数

【课堂案例 7–1】使用函数编写程序：输入两个数，求出这两个数中较大的数和较小的数，并输出。

【案例学习目标】

- 掌握函数的定义。
- 掌握函数的调用。

【案例知识要点】函数的定义和函数的调用。

【案例完成步骤】

（1）定义函数。

（2）调用函数。

（3）实现应用程序。

7.2.1 定义函数

函数的定义由函数说明和函数体两大部分组成，其一般格式如下：

[函数修饰符] 返回类型 函数名([形式参数表])
{
    函数体
}

其中：

（1）函数修饰符：函数修饰符有多个，由于大家还没有学习面向对象的编程，目前只介绍 static 修饰符。static 表示函数是静态的，目前我们编写程序时，函数前面都加上 static 修饰符。

（2）返回类型：返回类型可以是任何一种 C# 数据类型。有时希望函数能传出一个值，这个值就是函数的返回值。在 C# 中，通过函数体中 return 语句得到返回值。如果函数没有返回值，则需把返回类型指定为 void。

（3）函数名：定义一个函数的名称，函数名称区分大小写且唯一。

（4）形式参数（简称形参）表：用于传递和接收来自程序中的数据序列。它需要在括号之间。如果没有参数，也需要括号。当有多个形式参数时，参数之间需要用逗号分隔。

（5）函数体：用于完成程序功能的语句序列。

例如，下面定义了一个求两个整数之和的函数：

```
static int add(int iNum1,int iNum2)
{
    int iSum;
    iSum=iNum1+iNum2;
    return iSum;
}
```

上述函数的修饰符为 static，返回类型为 int，函数名为 add，带有两个 int 类型的形式参数，在函数体中用 return 关键字返回一个数值。

> **说明：**
>
> （1）函数名：要取有意义的名字，通常用英文名称或英文的组合名称。如上述例子，就是用英文名称，这样有利于增强程序的可读性。
>
> （2）返回值：函数的返回值是通过函数中 return 语句获得的。如果函数需要有一个返回值，则该函数必须包含 return 语句；如果不需要返回值，则该语句可以没有。在一个函数中可以有一个以上的 return 语句，执行到哪个 return 语句，哪个 return 语句起作用。
>
> （3）函数不允许嵌套定义，也就是一个函数不能定义在另一个函数的内部。

对于【课堂案例 7-1】，根据需求，我们需要定义两个函数：一个函数用于求两个数中较大的数，另一个函数用于求两个数中较小的数。定义的两个函数如下：

```
// 求两个数中较大的数
static int Max(int iNum1,int iNum2)
{
    int iRet;
    iRet=iNum1>iNum2?iNum1:iNum2;
    return iRet;
}

// 求两个数中较小的数
static int Min(int iNum1, int iNum2)
{
    int iRet;
    iRet=iNum1>iNum2?iNum2:iNum1;
    return iRet;
}
```

7.2.2 调用函数

定义好函数之后，就可以通过函数名来调用它。函数调用的一般形式如下：

函数名([实际参数列表]);

说明：

如果调用的是无参函数，则实际参数（简称实参）不需要，但括号不能省略；如果实参列表包含多个参数，则参数之间用逗号分隔。

例如，以下程序说明了在主函数中调用定义的 add()函数。

```
1  using System;
2  using System.Collections;
3  class Program
4  {
5      static int add(int iNum1,int iNum2)
6      {
7          int iSum;
8          iSum=iNum1+iNum2;
9          return iSum;
10     }
11     static void Main(string[] args)
12     {
13         int ret;
14         ret=add(5,3);
15         Console.WriteLine("sum={0}", ret);
16     }
17 }
```

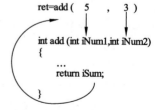

图 7-2 函数的调用过程

在上述程序中，第 14 行给出了由 Main()函数调用 add()函数的语句，在调用过程中，有 5 和 3 两个实际参数传递给 add()函数。图 7-2 说明了上述函数的调用过程。

在图 7-2 中，调用 add()函数时，形参 iNum1 和 iNum2 被分配内存单元，并且把 5 和 3 两个实际参数分别传递给 iNum1 和 iNum2。调用完后，通过 return 语句把一个数值返回给主调函数，即把函数的返回值赋给 ret，同时形参所占用的内存单元被释放。

在函数调用时，按函数在程序语句中出现的位置，可分为三种调用方式：

（1）把函数调用作为一个程序语句。例如：

```
ret=add(5,3);
```

（2）把函数作为一个表达式。例如：

```
ret=3+add(5,3);                //函数作为加法表达式的一部分
```

（3）把函数作为一个函数的实参。例如：

```
ret=3+add(3,add(5,3));         //函数 add(5,3)作为 add()函数的第 2 个实参
```

> **说明：**
>
> （1）在定义函数时所指定的形参变量，在函数未被调用时，它们并不占用内存中的存储单元。只有在函数调用时，函数中的形参才被分配内存单元。在调用结束后，形参所占用的内存单元被释放。
>
> （2）实际参数可以是常量、变量或表达式。
>
> （3）实际参数和形式参数的个数要相等，类型要一致。

对于【课堂案例 7-1】，要调用求较大值和求较小值的函数，可以使用下面的语句：

```
int iMin,iMax;
int iNumber1,iNumber2;
…
iMax=Max(iNumber1,iNumber2);   //调用求较大值的函数
iMin=Min(iNumber1,iNumber2);   //调用求较小值的函数
…
```

7.2.3　实现应用程序

对于【课堂案例 7-1】，执行以下步骤：

（1）在已创建的 CSharpSource 文件夹下再创建 chap07 子文件夹。

（2）在记事本中书写如下代码：

【程序代码】 *example7-1.cs*

```
1  using System;
2  class Program
3  {
4      static int Max(int iNum1,int iNum2)
5      {
6          int iRet;
7          iRet=iNum1>iNum2?iNum1:iNum2;
8          return iRet;
9      }
10     static int Min(int iNum1,int iNum2)
11     {
12         int iRet;
13         iRet=iNum1>iNum2?iNum2:iNum1;
14         return iRet;
```

```
15      }
16      static void Main(string[] args)
17      {
18          int iMin,iMax;
19          int iNumber1,iNumber2;
20          Console.WriteLine("请输入两个整数!");
21          Console.Write("数1:");
22          iNumber1=int.Parse(Console.ReadLine());
23          Console.Write("数2:");
24          iNumber2=int.Parse(Console.ReadLine());
25          iMax=Max(iNumber1,iNumber2);
26          iMin = Min(iNumber1,iNumber2);
27          Console.WriteLine("较大的数为{0}",iMax);
28          Console.WriteLine("较小的数为{0}",iMin);
29      }
30 }
```

（3）将文件保存到 chap07 文件夹下，并命名为 example7-1.cs。

（4）用 csc 对源代码进行编译并执行。

【程序说明】

① 第 4～9 行：定义求较大值的函数。

② 第 6 行：在函数内声明局部变量 iRet。

③ 第 7 行：使用条件表达式把计算结果赋给 iRet。

④ 第 8 行：使用 return 语句返回函数的值。

⑤ 第 10～15 行：定义求较小值的函数。

⑥ 第 18 行：声明两个变量，其中 iMax 用于保存较大的数，iMin 用于保存较小的数。

⑦ 第 19 行：声明要输入的两个数的变量 iNumber1、iNumber2。

⑧ 第 20 行、第 21 行和第 23 行：提示数据输入。

⑨ 第 22 行和第 24 行：接收输入的数据。

⑩ 第 25 行：在 Main()函数中调用 Max()函数并把函数的返回值赋给 iMax。

⑪ 第 26 行：在 Main()函数中调用 Min()函数并把函数的返回值赋给 iMin。

⑫ 第 27 行：显示两个数中较大的数。

⑬ 第 28 行：显示两个数中较小的数。

课堂实践 7-1

【任务 1】编写程序：写两个函数，分别求两个整数的最大公约数和最小公倍数，用主函数调用这两个函数并输出所求的结果，两个整数由键盘输入。

【任务 2】编写程序：写一个判断素数的函数，在主函数中输入一个整数，输出是否为素数的信息。

7.3 值类型参数

【课堂案例 7-2】阅读下面的程序，指出函数所用参数的类型并预测程序的输出结果。

```
1  using System;
2  class Program
3  {
4      static void swap(int x,int y)
5      {
6          int temp;
7          temp=x;
8          x=y;
9          y=temp;
10         Console.WriteLine("x={0},y={0}",x,y);
11     }
12     static void Main(string[] args)
13     {
14         int num1=10,num2=20;
15         Console.WriteLine("num1={0},num2={1}",num1,num2);
16         swap(num1,num2);
17         Console.WriteLine("num1={0},num2={1}",num1,num2);
18     }
19 }
```

【案例学习目标】

了解函数参数的类型。

掌握值类型参数。

【案例知识要点】 值类型参数。

【案例完成步骤】

（1）初步认识值类型参数。

（2）预测程序的输出结果。

7.3.1 初步认识值类型参数

在大多数情况下，函数都带有参数。根据数据传递的方式不同，在 C#中有 4 种类型的参数，即值类型参数、引用类型参数、输出型参数、数组型参数。

值类型参数的定义和变量的定义相同，在数据类型后直接跟参数名。当使用值类型参数调用函数时，编译程序将实参的值做一份副本，并把副本传递给该方法的相应形参，在程序运行时被调用的函数不会修改实参内存中的值，所以使用值类型参数时，可以保证实参值是安全的。

例如，定义了一个函数：

```
static void fun(int x,int y)
{…}
```

调用该函数：

```
fun(a,b)
```

假设 a=2,b=3，图 7-3 说明了函数的传值过程。假设在函数中使 x 的值变为 8，y 的值变为 9，图 7-4 说明了 a、b 不会受影响。

对于【课堂案例 7-2】，根据值类型参数的定义，swap()函数的参数类型属于值类型参数。由于形参的变化不影响到实际参数的值，当把 num1、num2 的值传递给 swap()函数的 x、y 后，在函数内部 x 和 y 的值进行了交换，但并不影响 num1 和 num2 的值。

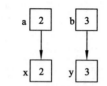

图 7-3　实参值传给形参　　　　　图 7-4　形参值发生变化不会改变实参的值

7.3.2　预测程序的输出结果

通过对上述程序的分析，【课堂案例 7-2】的输出结果为：

```
num1=10,num2=20
x=20,y=10
num1=10,num2=20
```

课堂实践 7-2

阅读下面的程序，指出函数参数的类型并预测程序的输出结果。

```
1  using System;
2  class Program
3  {
4      static void AddOne(int var)
5      {
6          var++;
7      }
8      static void Main(string[] args)
9      {
10         int iNum=6;
11         AddOne(iNum);
12         Console.WriteLine("iNum={0}",iNum);
13     }
14 }
```

7.4　引用类型参数

【课堂案例 7-3】阅读下面的程序，指出函数所用参数的类型并预测程序的输出结果。

```
1  using system;
2  class Program
3  {
4      static void swap(ref int x,ref int y)
5      {
6          int temp;
7          temp=x;
8          x=y;
9          y=temp;
10         Console.WriteLine("x={0},y={1}",x,y);
11     }
12     static void Main(string[] args)
13     {
14         int num1=10,num2=20;
```

```
15          Console.WriteLine("num1={0},num2={1}",num1,num2);
16          swap(ref num1,ref num2);
17          Console.WriteLine("num1={0},num2={1}",num1,num2);
18      }
19 }
```

【案例学习目标】 掌握引用类型参数的定义。

【案例知识要点】 引用类型参数。

【案例完成步骤】

（1）初步认识引用类型参数。

（2）预测程序的输出结果。

7.4.1　初步认识引用类型参数

和值类型参数传递的是实参值的副本不同，引用类型参数传递的是实参的地址，即实参和形参共享相同的地址单元。对于引用类型参数，如果被调用的方法中形参的值发生变化，对应实参的值也会发生变化。作为引用类型参数，在定义和调用函数时，要在形参和实参前加 ref 关键字。把引用类型实参的值传递给形参前，必须先对其赋值。

例如，定义了一个带引用类型参数的函数：

```
static void fun1(ref int x,ref int y)
{…}
```

调用该函数：

```
fun1(ref a,ref b)//对于引用类型参数，调用时也要加 ref
```

假设 a=2,b=3，图 7-5 说明了带引用类型参数函数的传值过程。假设在函数中使 x 的值变为 8，y 的值变为 9，图 7-6 说明了 a、b 的值会受到影响。

对于**【课堂案例 7-3】**，根据引用类型参数的定义，swap()函数的参数类型属于引用类型参数。由于形参值的变化会影响实际参数的值，当把 num1、num2 的值传递给 swap()函数的 x、y 后，在函数内部 x 和 y 的值进行了交换，会造成 num1 和 num2 的值也交换。

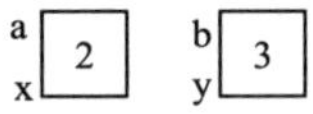

```
a            b
x   2    y   3
```

```
a            b
x   8    y   9
```

图 7-5　实参值传给形参 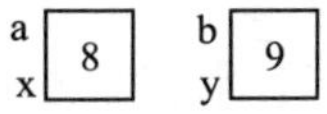　　　　　图 7-6　形参值发生变化会改变实参的值

7.4.2　预测程序的输出结果

通过对上述程序的分析，**【课堂案例 7-3】** 的输出结果为：

```
num1=10,num2=20
x=20,y=10
num1=20,num2=10
```

课堂实践 7-3

阅读下面的程序，指出函数所用参数的类型并预测程序的输出结果。

```
1 using System;
2 class Program
3 {
```

```
 4     static void AddOne(ref int var)
 5     {
 6         var++;
 7     }
 8     static void Main(string[] args)
 9     {
10         int iNum=6;
11         AddOne(ref iNum);
12         Console.WriteLine("iNum={0}",iNum);
13     }
14 }
```

7.5　输出型参数

【**课堂案例7-4**】阅读下面的程序，指出函数所用参数的类型并预测程序的输出结果。

```
 1 using System;
 2 class program
 3 {
 4     static void calculate(double num,out double sqrNum,out double cueNum)
 5     {
 6         sqrNum=num*num;
 7         cueNum=num*num*num;
 8     }
 9     static void Main(string[] args)
10     {
11         double number=3.0;
12         double sqrNumber=0.0;
13         double cueNumber=0.0;
14         calculate(number,out sqrNumber,out cueNumber);
15         Console.WriteLine("{0}的平方为{1}立方为{2}",number,sqrNumber,
           cueNumber);
16     }
17 }
```

【**案例学习目标**】掌握输出型参数的定义。

【**案例知识要点**】输出型参数。

【**案例完成步骤**】

（1）初步认识输出型参数。

（2）预测程序的输出结果。

7.5.1　初步认识输出型参数

输出型参数从内存分配上看，与引用型参数相似，也不另外分配内存空间。它们的差别在于：调用带有输出型参数方法之前，不需要对传递给形参的实参进行初始化，在将实参作为输出型参数传递调用完成之后，该实参变量将会被函数中形参明确赋值，并将数据从函数中传出至调用处。输出型参数专门用于从函数中返回多个数据。在定义和调用输出型参数时，在形参和实参前都必须加上 out 关键字。

例如，定义一个求圆的面积和体积的函数：

```
static void calc(double r,out double a,out double v)
//参数 r 表示圆的半径，输出型参数 a、v 表示圆的面积和体积
```

调用该函数需采用如下形式：

```
calc(radius,out area,out volume)
```

对于【课堂案例 7-4】，根据输出类型参数的定义，函数 calculate()定义了一个值类型参数 num，定义了两个输出型参数 sqrNum 和 cueNum。在第 14 行调用 calculate 时，输出型参数前面要加 out 关键字并且不需要对它们进行初始化。

7.5.2 预测程序的输出结果

通过对上述程序的分析,【课堂案例 7-4】的输出结果为：

```
3 的平方为 9,立方为 27
```

课堂实践 7-4

阅读下面的程序，指出函数所用参数的类型并预测程序的输出结果。

```
1  using System;
2  class Program
3  {
4      const double PI=3.14;
5      static void calc(double r,out double c,out double a)
6      {
7          c=2*PI*r;
8          a=PI*r*r;
9      }
10     static void Main(string[] args)
11     {
12         double dRadius=5.0;
13         double dCircum;
14         double dArea;
15         calc(dRadius,out dCircum,out dArea);
16         Console.WriteLine("dCircum={0},dArea={1}",dCircum,dArea);
17     }
18 }
```

7.6 数组型参数

【课堂案例 7-5】阅读下面的程序，指出函数所用参数的类型并预测程序的输出结果。

```
1  using System;
2  class Program
3  {
4      static void para(params int[] arr)
5      {
6          Console.WriteLine("数组中包含{0}个元素: ",arr.Length);
7          foreach(int num in arr)
8          Console.Write("\t{0}",num);
9      }
```

```
10      static void Main(string[] args)
11      {
12          para(1,2,3,4,5);
13          Console.WriteLine();
14          para(new int[] {13,14,15});
15      }
16  }
```

【案例学习目标】掌握数组型参数的定义。

【案例知识要点】数组型参数。

【案例完成步骤】

（1）初步认识数组型参数。

（2）预测程序的输出结果。

7.6.1　初步认识数组型参数

当函数的形参个数不能确定时，就可以使用数组型参数。数组型参数就是在参数前面加 params 关键字。在使用数组型参数时，在函数的声明中，params 关键字之后不允许任何其他的参数，并且在函数声明中只允许一个 params 关键字。

带数组型参数的函数有两种方法将实参传递给形参。

（1）如果只有一个实参数组与形参数组类型对应，将实参数组元素值传递给形参数组元素。

（2）如果多个实参可以与形参数组类型对应，将实参的各个值赋给形参的数组元素。

对于【课堂案例 7-5】，根据数组类型参数定义，第 4～9 行定义了一个带数组型的函数 para()。在调用 para() 的过程中，第 12 行是 5 个整数做实参，将 5 个整数赋给形参的各个元素。第 14 行是用一个一维数组做实参，将该一维数组的元素值传递给形参数组元素。

7.6.2　预测程序的输出结果

通过对上述程序的分析，【课堂案例 7-5】的输出结果为：

数组中包含 5 个元素：
```
        1       2       3       4       5
```
数组中包含 3 个元素：
```
        13      14      15
```

课堂实践 7-5

阅读下面的程序，指出函数所用参数的类型并预测程序的输出结果。

```
1  using System;
2  public class Program
3  {
4      static void UseParams(params int[] list)
5      {
6          for(int i=0;i<list.Length;i++)
7          {
8              Console.WriteLine(list[i]);
9          }
10         Console.WriteLine();
```

```
11     }
12     static void UseParams2(params object[] list)
13     {
14         for(int i=0;i<list.Length;i++)
15         {
16             Console.WriteLine(list[i]);
17         }
18         Console.WriteLine();
19     }
20     static void Main()
21     {
22         UseParams(1,2,3);
23         UseParams2(1,'a',"test");
24         int[] myarray=new int[3]{10,11,12};
25         UseParams(myarray);
26     }
27 }
```

7.7　递　归

【课堂案例7-6】使用递归求解 $n!$。

$$\mathrm{fun}(n)=\begin{cases}1 & (n=0,1) \\ \\ n \times \mathrm{fun}(n-1)! & (n>1)\end{cases}$$

【案例学习目标】
- 掌握递归的概念。
- 掌握使用递归编写程序。

【案例知识要点】递归。

【案例完成步骤】
（1）初步认识递归。
（2）实现应用程序。

7.7.1　初步认识递归

在调用一个函数的过程中，又直接或间接地调用该函数本身，称为函数的递归调用。
例如：

```
int fun(int x)
{
    int y,z;
    …
    z=fun(y)
    …
}
```

在上述定义的函数 fun() 中，又调用了 fun() 函数，这是直接调用自身。除直接调用自身外，也可以间接调用自身。

例如：

```
int fun1(int x)                    int fun2(int t)
{                                  {
  int y,z;                           int a,b;
  …                                  …
  z=fun2(y)                          b=fun1(a)
  …                                  …
}                                  }
```

在设计递归函数时，要设置递归的终止条件，即只有在某一条件满足时才继续执行递归调用，否则终止调用。在具体实现时，可以使用 if 语句来控制。

对于【课堂案例 7-6】，要求用递归实现，从给定的公式可以看出，终止条件是 n 等于 0 或 1。

假设 $n=4$，用图来描述递归调用的执行过程，如图 7-7 所示。

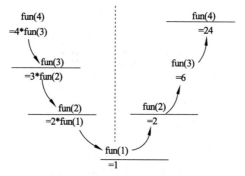

图 7-7　4!的递归调用过程

7.7.2　实现应用程序

对于【课堂案例 7-6】，执行以下步骤：

（1）在 cSharpSource 文件夹中创建 chap07 子文件夹。

（2）在记事本中书写如下代码：

【程序代码】example7-6.cs

```
1  using System;
2  class Program
3  {
4      static int fun(int iNum)
5      {
6          int iRet=0;
7          if(iNum<0)
8              Console.WriteLine("请输入一个非负整数!");
9          else if(iNum==0||iNum==1)
10             iRet=1;
11         else
12             iRet=iNum*fun(iNum-1);
13         return iRet;
14     }
15     static void Main(string[] args)
```

```
16      {
17          int iNumber;
18          int iResult;
19          Console.WriteLine("请输入一个非负整数!");
20          iNumber=int.Parse(Console.ReadLine());
21          iResult=fun(iNumber);
22          Console.WriteLine("{0}!={1}",iNumber,iResult);
23      }
24 }
```

（3）将文件保存到 chap07 文件夹下，并命名为 example7-6.cs。

（4）用 csc 对源代码进行编译并执行。

【程序说明】

① 第 4~14 行：定义了一个递归函数 fun()。

② 第 6 行：声明返回值变量 iRet。

③ 第 7~8 行：如果输入一个负数，系统提示出错。

④ 第 9~10 行：如果满足递归的结束条件，返回值设为 1。

⑤ 第 12 行：递归调用。

⑥ 第 17 行：声明要输入的数变量 iNumber。

⑦ 第 18 行：声明存放结果的变量 iResult。

⑧ 第 19 行：提示输入一个非负整数。

⑨ 第 20 行：接收一个整数。

⑩ 第 21 行：调用递归函数 fun()。

⑪ 第 22 行：输出该程序的结果。

课堂实践 7-6

【任务 1】用递归方法求勒让德多项式的值，递归公式为：

$$p_n(x)=\begin{cases} 1 & (n=0) \\ x & (n=1) \\ ((2n-1)\times x \times p_{n-1}(x)-(n-1)\times p_{n-2}(x))/n & (n>1) \end{cases}$$

【任务 2】用递归法将一个整数 n 转换成字符串。例如，输入 483，应输出 "483"，n 的位数不确定，可以是任意位数的整数。

思考与练习

一、填空题

1. 在 C#应用程序中，_____是程序的入口。

2. 在 C#中，通过函数体中的_____语句得到返回值。如果函数没有返回值，则需把返回类型指定为_____。

3. 函数的参数分为_____和_____。

4. 根据数据传递的方式不同，函数的参数分为_____、_____、_____、_____。

5. 当定义引用类型参数时，在定义的参数前需要加_____关键字。

6. 当定义输出型参数时，在定义参数前需要加_____关键字。

二、选择题

1. 关于建立函数的目的，以下正确的说法是（   ）。

    A. 提高程序的执行效率   B. 提高程序的可读性

    C. 减少程序的篇幅   D. 减少程序文件所占内存

2. 以下函数定义形式正确的是（   ）。

    A. static int fun(int x,int y){}   B. static int fun(int x; int y){}

    C. static int fun(int x, int y);{}   D. static int fun(int x,y);{}

三、简答题

1. 什么是递归调用？

2. 使用函数有什么优点？

第 8 章

面向对象程序设计基础

本章详细介绍面向对象程序设计的基本概念，如类、对象、属性等，使读者初步建立起面向对象的编程思路。通过学习本章，读者能用面向对象的编程思路编写简单程序。学习本章后要达到如下学习目标：

学习目标	
	☑ 了解面向对象的概念。
	☑ 掌握类的定义和使用。
	☑ 掌握对象的使用。
	☑ 掌握属性的使用。
	☑ 了解索引器。
	☑ 掌握方法的重载。
	☑ 熟悉构造函数的使用和重载。
	☑ 熟悉析构函数的使用。
	☑ 掌握静态类和静态成员的使用。

8.1 面向对象程序设计概述

面向对象的程序设计方法是在对真实系统建模的基础之上提出的一种软件开发方法。C#是由 Microsoft 公司推出的面向对象的程序语言，它通过类、对象、继承、多态等形成了一个完善的面向对象的编程体系。

8.1.1 对象

对象是面向对象程序设计中涉及的核心概念。它代表着真实世界中一个实体或概念。例如，雇员、汽车或公司等都可以建模成对象。

对象具有状态、行为和身份。对象的状态用一组属性和属性对应的值表示。对象的行为表示对象可以具有的动作或操作。对象的身份即对象的标识，用于区别于另一个对象。例如，如果将一辆汽车作为一个对象，静止或正在移动表示汽车当前的状态，加速或减速表示汽车的行为，唯一的车牌号用于标识这辆汽车的身份。

两个或多个对象可以有相同的行为和状态，但是它们的身份不同，如上面提到的汽车就是这样的。

8.1.2 类

在现实世界中充满了各种形状、大小、颜色和行为的对象。根据对象的特征，我们需要对对象进行分类。例如，狗、马、猫、孔雀、麻雀和翠鸟本质上都是对象，但按照物种分类，狗、马和猫属于哺乳动物，而孔雀、麻雀和翠鸟属于卵生动物。在鸟类中，孔雀、麻雀和翠鸟共享鸟类家族的公共特征，例如，它们都产蛋、都覆盖羽毛、都能够飞翔，所以把刚才提到的各个种类的鸟统称为"鸟"的类。

从上述陈述中可以得出类的概念，类是对对象进行分类的声明，是人们对客观对象不断认识而抽象出来的概念。例如，人们在现实生活中接触了大量的汽车、摩托车等实体，从而产生了交通工具的概念，交通工具就是一个类，现实生活中一辆具体的汽车则是该类的对象。

类和对象具有不同的概念。类定义对象的类型，是基于对象的抽象，但它不是对象本身。对象是基于类的具体实体，有时又称类的实例。

在 C#中，根据类的来源可分为系统类和自定义类。系统类是由系统预先定义在.NET 框架类库中，程序员能直接使用。如前面多次用到的 Console 类就是系统类，对于程序员来说，无须自行定义该类，只需要熟悉 Console 类提供的功能即可。自定义类则是由程序员根据系统开发的需要而创建的类。

类在本质上是一种数据类型，所以类的用法和基本数据类型的用法基本相同。

8.1.3 消息和行为

在面向对象的程序设计中，对象不是独立存在的，对象之间要进行交互，交互通过消息发生。

行为（在面向对象的程序设计中，又称"方法"），根据 Grady Booch 的定义：行为是对象根据其状态的更改和消息的传递进行的作用和反作用。

以一个计算机游戏为例，该游戏中有两个游戏者张三和李四，他们互相射击，当张三攻击李四时，李四接收消息并对该消息进行响应，在响应时可采取特定的行为，如奔跑、躲藏、闪避或回击。例如，当张三攻击李四时，李四接收到一条"被攻击"消息，李四进行躲藏响应该消息。这里，躲藏就是一个行为。

8.1.4 类的封装性

封装，顾名思义，就是把东西封住。但封装不同于包装，包装是把东西包起来，使其不能被外界直接接触到。封装是把东西封住，但可以被外界适当的接触，但又不能被完全接触。现实生活中封装的实例很多，如电视机、手机有一个外壳将它们的内部细节封装起来了，但它们的按钮暴露在外面。所以，我们按按钮可以获得它们相应的功能。如果它们的内部细节不被封装，那么对用户使用而言是不方便的，实际上，它们内部的细节用户没有必要知道。

同理，在面向对象的程序设计中，"封装"就是隐藏了类的实现细节，程序员在使用类时，只要知道该类公有成员的功能并执行相关的操作，而不需要知道该类公有成员是如何实现的。就如在日常生活中，我们只要知道手机、电视机的功能，而不需要知道它们的功能是如何实现的。

8.2　对　　象

【课堂案例 8-1】在学生成绩管理系统中，需要对学生的基本信息进行管理，现要求使用面向对象的方法接收学生信息并显示。一个学生的基本信息包括：学生学号、姓名、出生年月、性别、入学时间、所在班级、家庭住址、联系电话、手机以及备注。

【案例学习目标】
- 掌握类及成员的使用。
- 掌握访问修饰符的使用。
- 掌握对象的创建和访问。

【案例知识要点】类的定义、字段和方法的定义和创建对象。

【案例完成步骤】

（1）定义类。

（2）定义类的成员字段。

（3）定义类的成员方法。

（4）加载访问修饰符。

（5）创建对象并访问对象成员。

（6）实现应用程序。

8.2.1　定义类

在 C#中，定义类需要使用关键字 Class。类定义的格式如下：

```
class 类名
{
    //类成员
}
```

说明：

（1）类名必须是合法的 C#命名。

（2）"类成员"包括类中所有的数据以及对数据的操作，如字段、属性、方法和构造函数等。

类的命名规则

在命名类时，通常需遵守如下规则：

（1）类名是一个有意义的名称。例如，【课堂案例 8-1】需要处理学生的基本信息，我们可以定义一个学生类，并为该类取名为"Student"。

（2）类名的首字母通常用大写字母表示。

通过分析【课堂案例 8-1】可知，程序要处理每个学生的基本信息。这类信息具有一些相同的特点，无论是"张三"还是"李四"，他们都有学号、姓名、入学时间等。因此，我们可以定义一个学生类 Student 用来描述所有具有这些特征的学生的集合。定义类的代码如下：

```
class  Student      //类名 Student
{
    //类成员
}
```

8.2.2 定义类的成员字段

字段是类的成员之一。定义字段的方法和之前定义变量的方法相同。

例如：

```
string  sStuNumber;              //定义学号字段
string  sStuName;                //定义姓名字段
```

根据对【课堂案例 8-1】的分析，学生类 Student 中需要定义若干个成员字段来存储学生的基本信息，如学号、姓名、出生年月、籍贯等。定义类的成员字段如下：

```
class  Student                   //Student 类的定义
{
    string  sStuNumber;          //学号字段
    string  sStuName;            //姓名字段
    string  sBirthday;           //出生年月字段
    string  sGender;             //性别字段
    string  sEnrollTime;         //入学时间字段
    string  sClass;              //所在班级字段
    string  sAddress;            //家庭住址字段
    string  sPhone;              //联系电话字段
    string  sMobile;             //手机字段
    string  sMemo;               //备注字段
}
```

8.2.3 定义类的成员方法

方法也是类的成员之一，其实质就是在类中声明函数，为类的对象提供行为。类中的方法通常用来表示对字段进行的操作，即对类中的数据进行操作，以实现特定的功能。

方法遵循先定义后使用的规则，在 C#中方法必须放在类定义中声明，即方法必须是某一个类的类成员。

1. 声明方法

声明方法的格式如下：

```
[方法修饰符] 返回类型 方法名([参数列表])
{
    //方法体
}
```

说明：

（1）"方法修饰符"包括访问修饰符（如 public、private、protected）、静态（static）修饰符、虚方法（virtual）修饰符、抽象（abstract）修饰符等。

（2）"返回类型"表示一个方法结果的数据类型，可以是任何合法的 C#数据类型。类的方法将执行的结果作为返回值返回给调用者。如果一个方法不返回任何值，它的返回类型用空类型（void）表示。

（3）"方法名"是一个合法的 C#语言标识符，对方法的命名，通常要求能描述方法的功能。

（4）"参数列表"说明一个方法所需要的参数，即传递给方法的数据值。每个参数都有参数类型和参数名。

（5）"方法体"中的语句定义了该方法所执行的任务。

2. 调用方法

声明方法后，就可以调用方法了。对于调用方法，根据调用环境的不同，大致可以分成两种方式：

（1）如果在声明方法的类定义中调用该方法，调用方法的格式为：

方法名(参数列表)

（2）如果在声明方法的类定义外调用该方法，调用方法的格式为：

对象名(或类名).方法名(参数列表)

根据【课堂案例 8-1】的要求，要实现接收学生的信息并显示，因此需要定义两个成员方法 Accept()和 Display()。Accept()用于接收学生的基本信息，Display()用于显示学生的基本信息。定义方法如下：

```
//接收学生的基本信息
void Accept()
{
    Console.WriteLine("请输入学生的基本资料:");
    Console.Write("学号: ");
    sStuNumber=Console.ReadLine();
    Console.Write("姓名: ");
    sStuName=Console.ReadLine();
    Console.Write("出生年月: ");
    sBirthday=Console.ReadLine();
    Console.Write("性别: ");
    sGender=Console.ReadLine();
    Console.Write("入学日期: ");
    sEnrollTime=Console.ReadLine();
    Console.Write("班级: ");
    sClass=Console.ReadLine();
    Console.Write("联系地址: ");
    sAddress=Console.ReadLine();
    Console.Write("联系电话: ");
    sPhone=Console.ReadLine();
    Console.Write("手机: ");
    sMobile=Console.ReadLine();
    Console.Write("备注: ");
    sMemo=Console.ReadLine();
}
//显示学生的基本信息
void Display()
{
    Console.WriteLine("学生的详细资料为: ");
    Console.WriteLine("学号:{0}",sStuNumber);
    Console.WriteLine("姓名:{0}",sStuName);
    Console.WriteLine("出生年月:{0}",sBirthday);
    Console.WriteLine("性别:{0}",sGender);
    Console.WriteLine("入学日期:{0}",sEnrollTime);
    Console.WriteLine("班级:{0}",sClass);
    Console.WriteLine("联系地址:{0}",sAddress);
    Console.WriteLine("联系电话:{0}",sPhone);
    Console.WriteLine("手机:{0}",sMobile);
```

```
        Console.WriteLine("备注:{0}",sMemo);
    }
```

方法无返回值，返回类型为 void，无自带参数。

8.2.4 加载访问修饰符

C#中提供了许多访问控制符，它们确定了是否允许其他代码对类的某个特定成员进行访问。通过访问修饰符，C#能实现封装性。C#中最常用的访问修饰符及其含义如表 8-1 所示。

表 8-1 访问修饰符

声明的可访问性	含 义
public （公有的）	访问不受限制
protected （受保护的）	访问仅限于包含类或从包含类派生的类型
internal （内部的）	访问仅限于当前程序集
protected internal （受内部保护的）	访问仅限于从包含类派生的当前程序集或类型
private （私有的）	访问仅限于包含类型

在类定义中，将数据成员声明为 private 或 protected，就能实现数据隐藏，防止在类定义外非法访问类中的数据成员；当数据成员被声明为 public 时，类外也能实现对类的数据成员的访问。

根据对【课堂案例 8-1】的分析，我们要将类的成员字段声明为私有，而将类的成员方法声明为公有。这样就实现了对信息的"封装"。代码的实现如下：

```
class  Student
{   //类成员:私有字段
    private string sStuNumber;
    private string sStuName;
    private string sBirthday;
    private string sGender;
    private string sEnrollTime;
    private string sClass;
    private string sAddress;
    private string sPhone;
    private string sMobile;
    private string sMemo;
    //类成员方法定义为公开类型
    public void Accept()
    {
        …
    }
    public void Display()
    {
        …
    }
}
```

> 注意：在 C#中如果声明成员时没有使用任何访问修饰符，则该成员默认为是私有的（private）。

类的可访问性

除了类成员可以使用访问修饰符外，类本身也可以使用访问修饰符。类可以使用的访问修饰符有下面两种：

（1）public：表示该类是公开的，可以在其他命名空间内访问该类。命名空间是为了方便对类等进行有效管理提出的一种机制，如可以将多个类放在同一个命名空间里。

（2）internal：表示该类是内部的，直观含义是"访问范围限于此程序"，在同一个命名空间内可以访问。

8.2.5　创建对象并访问对象成员

1. 创建对象

在完成类的定义后，接下来就可以创建对象。在面向对象的程序设计中，通常要通过对象才能访问类的成员。"创建对象"又称"对象实例化"，是向系统申请存储空间的过程。对象实例化时申请的存储空间主要是数据成员需要的内存空间。创建对象要使用关键字 new。常使用创建对象的格式有两种：

格式一：

```
<类名>  <对象名>;           //先声明对象
对象名=new 类名;            //再创建对象
```

格式二：

```
<类名>  <对象名>=new<类名>;    //边声明边创建
```

例如，对案例中定义的学生类 Student，要创建该类的对象 stuOne。可采用以下两种方法：

方法一：

```
Student stuOne;            //先声明对象
stuOne=new Student();      //再创建对象
```

方法二：

```
Student stuOne=new Student();  //边声明边创建
```

2. 访问对象成员

创建对象的目的是要通过对象来访问类的成员。访问对象的成员需要使用成员运算符"."。例如：

```
stuOne.Display();                //访问成员方法 Display()
stuOne.Accept();                 //访问对象的方法成员 Accept()
stuOne.sStuNumber="001";         //为该对象的学号赋值
stuOne.sStuName="张三";          //为该对象的姓名赋值
```

根据对【课堂案例 8-1】分析，要实现一个具体的学生的基本信息的接收和显示。首先要创建一个对象，然后再访问的对象的成员。具体的代码如下：

```
class Program
{
    static void Main(string[] args)
    {
        Student stuOne=new Student();    //创建对象
        Console.WriteLine("accept Student's detail");
        stuOne.Accept();                 //调用成员方法 Accept()
```

```
        Console.WriteLine("Student 's detail:");
        stuOne.Display();                       //调用成员方法 Display()
    }
}
```

8.2.6　实现应用程序

通过前面章节的学习，相信读者对于使用记事本这一编辑工具进行 C#程序的开发已经相当熟练了。但除了记事本方式外，编辑 C#应用程序的工具还有很多，其中功能最强大的就是微软推出的.NET 集成开发工具。考虑到读者已经具备了一定的编程基础，从工具使用的灵活性和方便性考虑，从本章开始，我们将在.NET 2015 集成开发环境下编写 C#应用程序。

对于【课堂案例 8-1】，我们使用.NET 集成环境下的控制台应用程序项目实现。

（1）在已经创建好的 CSharpSource 文件夹下再创建一个名为 chap08 的子文件夹。

（2）启动 Visual Studio .NET 2015 集成开发环境，如图 8-1 所示。

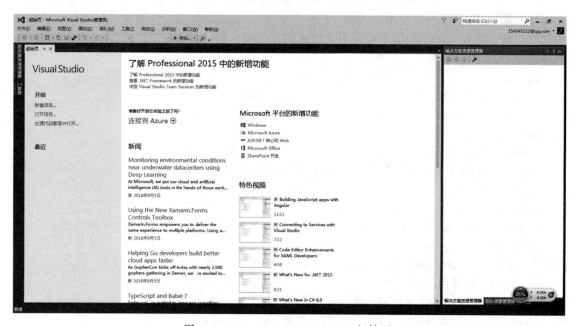

图 8-1　Visual Studio .NET 2015 起始页

（3）选择"文件"→"新建"→"项目"命令，弹出"新建项目"对话框，如图 8-2 所示。在该对话框中选择新建"控制台应用程序"，将项目命名"example8-1"，存储路径选择第（1）步时创建的 F:\CSharpSource\chap08 子文件夹（若事先没有建立，系统会在新建项目时默认建立指定的存放目录）。

（4）在"新建项目"对话框中设置好参数后，单击"确定"按钮，即可进入图 8-3 所示的代码编辑窗口。我们只要在代码编辑窗口中的 Main()函数中输入【课堂案例 8-1】的功能代码即可实现应用程序的功能。

代码输入完成后，需要执行该应用程序，查看运行结果。选择"调试"→"开始执行（不调试）"命令即可执行应用程序。也可以按【Ctrl+F5】组合键运行该应用程序。

如下代码是【课堂案例 8-1】完整的程序清单：

图 8-2　"新建项目"对话框

图 8-3　代码编辑窗口

【程序代码】Program.cs

```
1  using System;
2  using System.Collections.Generic;
```

```
3   using System.Text;
4   namespace example8_1
5   {
6       class Student
7       {
8           private string sStuNumber;
9           private string sStuName;
10          private string sBirthday;
11          private string sGender;
12          private string sEnrollTime;
13          private string sClass;
14          private string sAddress;
15          private string sPhone;
16          private string sMobile;
17          private string sMemo;
18          public void Accept()
19          {
20              Console.Write("学生学号:");
21              sStuNumber=Console.ReadLine();
22              Console.Write("学生姓名:");
23              sStuName=Console.ReadLine();
24              Console.Write("出生年月:");
25              sBirthday=Console.ReadLine();
26              Console.Write("性别:");
27              sGender=Console.ReadLine();
28              Console.Write("入学时间:");
29              sEnrollTime=Console.ReadLine();
30              Console.Write("所在班级:");
31              sClass=Console.ReadLine();
32              Console.Write("家庭住址:");
33              sAddress=Console.ReadLine();
34              Console.Write("联系电话:");
35              sPhone=Console.ReadLine();
36              Console.Write("手机:");
37              sMobile=Console.ReadLine();
38              Console.Write("备注:");
39              sMemo=Console.ReadLine();
40          }
41          public void Display()
42          {
43              Console.WriteLine("学号: "+sStuNumber);
44              Console.WriteLine("姓名: "+sStuName);
45              Console.WriteLine("出生年月: "+sBirthday);
46              Console.WriteLine("性别: "+sGender);
47              Console.WriteLine("入学时间: "+sEnrollTime);
48              Console.WriteLine("所在班级: "+sClass);
49              Console.WriteLine("家庭住址: "+sAddress);
50              Console.WriteLine("联系电话: "+sPhone);
51              Console.WriteLine("手机: "+sMobile);
52              Console.WriteLine("备注: "+sMemo);
```

```
53            }
54        }
55    class Program
56    {
57        static void Main(string[] args)
58        {
59            Student stuOne=new Student();
60            stuOne.Accept();
61            Console.WriteLine("\n\n\n");
62            stuOne.Display();
63        }
64    }
65 }
```

【程序说明】

① 第 6～54 行：定义了学生类 Student。其中有成员方法 Accept()和 Display()，以及成员字段 sStuNumber、sStuName 等。

② 第 59 行：在程序的主函数中，创建对象 stuOne。

③ 第 60～62 行：通过对象 stuOne 调用成员方法 Accept()与 Display()实现学生信息的接收与显示。

程序执行效果如图 8-4 所示。

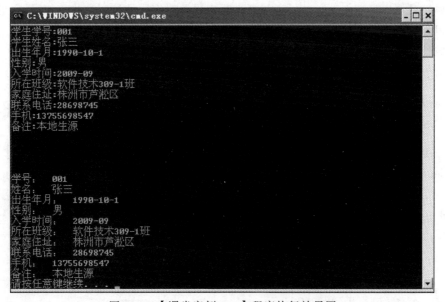

图 8-4　【课堂案例 8-1】程序执行效果图

课堂实践 8-1

【任务 1】在学生成绩管理系统中，除了需要管理学生的基本信息外，还需要对开设的课程信息进行管理，请用面向对象的方法编写程序实现对课程信息的接收与显示。课程的相关信息包括：课程编号、课程名称、学时、考核方式以及任课教师。

【任务 2】定义一个数学类，该类提供了如下几种功能：

（1）输出 1～100 之间的整数之和。

（2）对随机输入的数，求其平方根。

8.3 属 性

【课堂案例 8-2】在学生成绩管理系统中，需要在 Student 类的外部实现对类中的所有字段进行读/写操作。

【案例学习目标】掌握属性的使用。

【案例知识要点】声明属性、访问属性。

【案例完成步骤】

（1）声明属性。

（2）访问属性。

（3）实现应用程序。

8.3.1 声明属性

我们知道，在类定义外部，是不允许对私有（private）或受保护字段（protected）进行访问的。但如果在程序实现过程中需要在类外对此类字段进行访问，又该如何实现呢？

通过属性就可以实现上述功能。通过属性可以设置对字段的访问方式，如只读、只写、读/写，甚至可以设置字段允许接收的取值范围。

声明属性的语法格式如下：

```
访问修饰符 类型 属性名
{
    get{return 字段名;}          //读字段值
    set{字段名=value;}          //将值写入字段
}
```

通过 get、set 关键字，我们可以将属性声明为可读/写、只读或只写。其中，get 设置属性为可读，set 设置属性为可写。

例如，要设置客户 Customer 类中的 customerId（客户 ID）、customerName（客户名）字段为读写，address（地址）为只读，编写代码如下：

```
class Customer
{
    private string customerId;
    private string customerName;
    private string address;
    //声明属性
    public string CustomerId                    //对应 customerId
    {
        get
        {
            return customerId;
        }
        set
        {
```

```
                customerId=value;
        }
    }
    public string CustomerName                    //对应 customerName
    {
        get
        {
            return customerName;
        }
        set
        {
            customerName=value;
        }
    }
    public string Address                          //对应 address
    {
        get
        {
            return address;
        }
    }
}
```

在属性声明中，get 完成数据值的读取，return 返回读取的值，set 完成对数据值的修改，value 是一个关键字，表示要写入数据成员的值。

在属性声明中，如果既有 get 又有 set，说明该属性是可读写的；如果只有 get，说明该属性是只读的；只有 set，说明该属性是只写的，但这种情况很少用。如上述的 CustomerId 和 CustomerName 属性是可读写的，而 Address 是只读的。

通过对【课堂案例 8-2】的分析，要在 Student 类的外部访问类的成员字段，就要声明各字段对应的属性，并且各字段的属性要定义为可读写的。定义该类属性的代码如下：

```
class Student
{
    private string sStuNumber;
    private string sStuName;
    private string sBirthday;
    private string sGender;
    private string sEnrollTime;
    private string sClass;
    private string sAddress;
    private string sPhone;
    private string sMobile;
        private string sMemo;
        public string StuNumber
        {
            get{return sStuNumber;}
            set{sStuNumber=value;}
        }
        public string StuName
```

```
        {
            get{return sStuName;}
            set{sStuName=value;}
        }
        public string Birthday
        {
            get{return sBirthday;}
            set{sBirthday=value;}
        }
        public string Gender
        {
            get{return sGender;}
            set{sGender=value;}
        }
        public string EnrollTime
        {
            get{return sEnrollTime;}
            set{sEnrollTime=value;}
        }
        public string Sclass
        {
            get{return sClass;}
            set{sClass=value;}
        }
        public string Address
        {
            get{return sAddress;}
            set{sAddress=value;}
        }
        public string Phone
        {
            get{return sPhone;}
            set{sPhone=value;}
        }
        public string Mobile
        {
            get{return sMobile;}
            set{sMobile=value;}
        }
        public string Memo
        {
            get{return sMemo;}
         set{sMemo=value;}
        }
    }
}
```

8.3.2 访问属性

对属性进行声明后，就可以访问属性了。访问属性与访问类的公有数据成员一样，也是通过成员运算符进行访问。访问的格式如下：

对象名.属性

现在以上面定义 Customer 类为例来说明属性的访问。

```
Customer objCustomer =new Customer();
objCustomer.CustomerId="C000001";              //合法
objCustomer.CustomerName="腾飞有限责任公司";    //合法
objCustomer.Address="上海南京路22号";          //非法，因为 Address 属性是只读的
```

提示：

（1）属性也是类的成员，属性的声明必须放在类定义中。

（2）声明属性的目的就是在类定义外部能通过属性对私有字段进行读/写访问。因此，一般属性的访问类型为 public。

（3）属性用于访问某一数据成员，属性返回类型与数据成员的类型相同。

8.3.3 实现应用程序

对于【课堂案例 8-2】，执行以下步骤：

（1）打开 VS 2015 集成开发环境,在之前已经创建的 chap08 子文件夹下新建名为 example8-2 的控制台应用程序。

（2）在控制台应用程序中书写如下代码：

【程序代码】Program.cs

```
1  using System;
2  using System.Collections Generic;
3  using System.Text;
4  namespace example8_2
5  {
6      class Student
7      {
8          private string sStuNumber;
9          private string sStuName;
10         private string sBirthday;
11         private string sGender;
12         private string sEnrollTime;
13         private string sClass;
14         private string sAddress;
15         private string sPhone;
16         private string sMobile;
17         private string sMemo;
18         public string StuNumber
19         {
20             get {return sStuNumber;}
21             set {sStuNumber=value;}
22         }
23         public string StuName
24         {
25             get {return sStuName;}
26             set {sStuName=value; }
27         }
```

```
28        public string Birthday
29        {
30            get{return sBirthday;}
31            set{sBirthday=value;}
32        }
33        public string Gender
34        {
35            get {return sGender;}
36            set {sGender=value;}
37        }
38        public string EnrollTime
39        {
40            get {return sEnrollTime;}
41            set {sEnrollTime=value;}
42        }
43        public string Sclass
44        {
45            get {return sClass;}
46            set {sClass=value;}
47        }
48        public string Address
49        {
50            get {return sAddress;}
51            set {sAddress=value;}
52        }
53        public string Phone
54        {
55            get {return sPhone;}
56            set {sPhone=value;}
57        }
58        public string Mobile
59        {
60            get {return sMobile;}
61            set {sMobile=value;}
62        }
63        public string Memo
64        {
65            get {return sMemo;}
66            set {sMemo=value;}
67        }
68    }
69    class Program
70    {
71        static void Main(string[] args)
72        {
73            Student stuOne=new Student();
74            Console.WriteLine("学生学号: ");
75            stuOne.StuNumber=Console.ReadLine();
76            Console.WriteLine("学号: "+stuOne.StuNumber);
77            Console.WriteLine("学生姓名: ");
78            stuOne.StuName=Console.ReadLine();
79            Console.WriteLine("姓名: "+stuOne.StuName);
80            Console.WriteLine("学生出生年月: ");
```

```
81          stuOne.Birthday=Console.ReadLine();
82          Console.WriteLine("出生年月: "+stuOne.Birthday);
83          Console.WriteLine("学生性别: ");
84          stuOne.Gender=Console.ReadLine();
85          Console.WriteLine("性别: "+stuOne.Gender);
86          Console.WriteLine("学生入学时间: ");
87          stuOne.EnrollTime=Console.ReadLine();
88          Console.WriteLine("入学时间: "+stuOne.EnrollTime);
89          Console.WriteLine("学生所在班级: ");
90          stuOne.Sclass=Console.ReadLine();
91          Console.WriteLine("所在班级: "+stuOne.Sclass);
92          Console.WriteLine("学生家庭住址: ");
93          stuOne.Address=Console.ReadLine();
94          Console.WriteLine("家庭住址: "+stuOne.Address);
95          Console.WriteLine("学生联系电话: ");
96          stuOne.Phone=Console.ReadLine();
97          Console.WriteLine("联系电话: "+stuOne.Phone);
98          Console.WriteLine("学生手机: ");
99          stuOne.Mobile=Console.ReadLine();
100         Console.WriteLine("手机: "+stuOne.Mobile);
101         Console.WriteLine("学生备注: ");
102         stuOne.Memo=Console.ReadLine();
103         Console.WriteLine("备注: "+stuOne.Memo);
104     }
105   }
106 }
```

【程序说明】

① 第 6～68 行：定义了学生类 Student。其中声明了 StuNumber、StuName、Birthday 等属性。

② 第 73 行：在程序的主函数中，创建对象 stuOne。

③ 第 75 行：通过调用 Console.ReadLine()方法设置对象 stuOne 的 StuNumber 属性。

④ 第 76 行：使用 stuOne.StuNumber 获取对象 stuOne 的 StuNumber 属性值。其余的设置和读取属性值不再一一说明。

（3）在.NET 开发环境中，按【Ctrl+F5】组合键执行应用程序。

程序执行效果如图 8-5 所示。

图 8-5 【课堂案例 8-2】程序执行效果图

课堂实践 8-2

在学生成绩管理系统中，需要在课程类 Course 的外部实现对类中的所有字段进行读/写操作。

8.4 索 引 器

【课堂案例 8-3】现有一个元素个数为 4 的圆类数组 CircleArray[]。其中，数组的元素都是圆类的实例对象。现要求给 CircleArray[]中 4 个对象元素的半径成员 radius 分别赋以 1、2、3、4 的数值。也就是说用 CircleArray[]数组的 4 个元素分别描述半径为 1、2、3、4 的 4 个圆。

【案例学习目标】掌握索引器的定义。

【案例知识要点】索引器。

【案例完成步骤】

（1）初步认识索引器。

（2）实现应用程序。

8.4.1 初步认识索引器

索引器的声明类似于属性的声明，是由 get 和 set 访问器组成。索引器提供了对类的数组元素的直接访问功能。即如果一个类定义了索引器，这个类的实例就可以使用数组访问运算符"[]"对数组元素进行访问。索引器的定义与属性的定义类似。其定义格式如下：

```
[访问修饰符] <集合元素类型> this[int index]
{
    get
    {
        …
        Return 集合名[index];
    }
    set
    {
        …
        集合名[index]=value;
    }
}
```

说明：

（1）"集合元素类型"表示索引器的返回类型。

（2）this 指当前对象，索引器和属性不同，没有专门的索引器名。对象名就相当于索引器名。

（3）"集合名[index]"用于访问各集合元素。

（4）index 为 int 类型变量，用于指示集合类型下标，也可以为其他类型，但一般为 int 型，index 变量名是可以任意命名的，只是编程人员通常用 index 或 ind 作为下标变量名。

（5）set 和 get 访问器及 value 的功能与属性基本相同，此处不再详细介绍。

以下代码说明了索引器的定义：

```
class Circle
{
    int  index=0;
    int[]  radius;                      //整型数组
    public int this[int ind]            //定义索引器
    {
        get
        {
            return radius[ind];
        }
        set
        {
            radius[ind]=value;
        }
    }
}
```

8.4.2　实现应用程序

对于【课堂案例 8-3】，执行以下步骤：

（1）打开 VS 2015 集成开发环境，在之前已经创建的 chap08 子文件夹下新建名为 example8_3 的控制台应用程序。

（2）在控制台应用程序中书写如下代码：

【程序代码】 Program.cs

```
1  using System;
2  using System.Collections.Generic;
3  using System.Text;
4  namespace example8-3
5  {
6      class Circle
7      {
8          int index=0;
9          int[] radius;
10         public void InputParam(params int[] r)
11         {
12             radius=new int[r.Length];
13             foreach(int i in r)
14             {
15                 radius[index++]=i;
16             }
17         }
18         public int this[int ind]
19         {
20             get
21             {
22                 return radius[ind];
23             }
24             set
25             {
26                 radius[ind]=value;
```

```
27              }
28          }
29      }
30  class Program
31  {
32      static void Main(string[] args)
33      {
34          Circle c=new Circle();
35          c. InputParam(2,4,6,8);
36          for(int i=0;i<4;i++)
37          {
38              Console.WriteLine("第{0}个圆{1}",i+1,c[i]);
39          }
40      }
41  }
42  }
```

【程序说明】

① 第6～29行：定义了一个类 Circle。并在类中定义了字段变量 index 和 radius、成员方法 InputParam()和索引器。

② 第18～28行：定义索引器。由于索引器没有名字，因此，直接使用对象名作为索引器名，即用 this 代指对象。参数 ind 是整型，当要通过索引器访问数组的某一个元素时，用 ind 指向访问元素的下标。

③ 第34、35行：在主程序中创建圆类的一个对象实例，调用成员方法 InputParam()并传入相应的参数作为 radius[]数组的元素。

④ 第36～39行：在当前循环中，通过调用索引器，访问类数组成员的第 i 个元素，并将元素值显示在控制台上。索引器的调用是通过 c[i]实现的。由于索引器没有名字，因此，直接通过对象名调用索引器。例如，当 i=2 时，通过 c[2]，程序将跳到圆类的索引器定义处，并执行 get 访问器，此时 ind=2，get 访问器返回 radius[]数组中下标为 2 的元素值给主程序的调用处。

（3）在.NET 开发环境中，按【Ctrl+F5】组合键执行应用程序。

程序执行效果如图 8-6 所示。

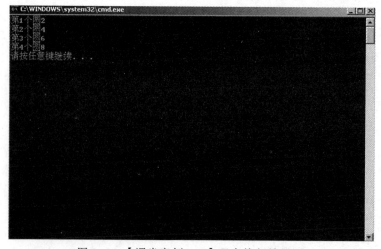

图 8-6 【课堂案例 8-3】程序执行效果图

编写一个类，要求使用索引器存储 100 个整型变量

8.5 方 法 重 载

【课堂案例 8-4】在学生成绩管理系统中，需要实现如下功能：

（1）显示学生的信息。

（2）根据年龄显示学生的信息。

（3）根据姓名显示学生的信息。

构造实现这些功能的方法原型。

【案例学习目标】掌握方法的重载。

【案例知识要点】方法重载。

【案例完成步骤】

（1）初步认识重载方法。

（2）构造重载方法原型。

8.5.1 初步认识重载方法

重载是面向对象程序设计中的一个重要特征，通过重载可以使在同一个类中多个具有相同功能而参数不同的方法共享同一个方法名。在调用方法时是根据方法参数的个数和参数数据类型的不同来区分所调用的方法。这样做的优点在于可以使程序简洁清晰。方法重载是面向对象程序设计中多态性的一个体现。

根据对【课堂案例 8-4】的分析可知，虽然显示学生信息各有侧重点，但三个功能都是要求显示学生的信息，因此可以使用重载来实现。

8.5.2 构造重载方法原型

根据重载的定义和要求，对于【课堂案例 8-4】，需要定义的重载方法如下：

（1）displayInfo ()：显示学生的信息。

（2）displayInfo (int stuAge)：根据年龄显示学生的信息。

（3）displayInfo (string stuName)：根据学生的姓名显示学生的信息。

方法重载的规则

在定义重载的时候，可以根据参数列表的个数、类型或顺序来定义重载，例如，displayInfo()、displayInfo(int stuAge)以及 displayInfo(string stuName)所带的参数类型不同，但不能根据方法返回值的不同来定义重载。

【任务 1】阅读下面各组方法，判断哪些是重载，哪些不是。

（1）void display(int);
　　　void display(string);

（2）void display(int);
　　　void display(int,int);

（3）void display(int,string);
　　　void display(string,int);

（4）int display(int);
　　　void display(int);

【任务2】在学生成绩管理系统中，现有的成绩类需要实现如下要求：

（1）显示所有学生的成绩信息。

（2）根据指定的学生学号显示该学生成绩信息。

确定要编写的方法。

8.6　构　造　函　数

在现实生活中创建对象的时候，要设置对象相关数据的值。例如，木匠要做一件书桌，需要设计书桌的长、宽和高等相关数据，然后制作书桌。在面向对象程序设计中，也需要通过适当的方式给对象的相关字段赋值，使用构造函数能够实现上述功能。构造函数是类的一个特殊的方法，通常用来初始化对象的数据成员。在创建对象时，构造函数将被自动执行。

【课堂案例8-5】定义一个圆（Circle）类，要求对圆的半径（radius）进行初始化。即当创建该类的对象时，对象的半径初始值为0.0。

【案例学习目标】定义构造函数。

【案例知识要点】构造函数。

【案例完成步骤】

（1）定义构造函数。

（2）实现应用程序。

8.6.1　定义构造函数

在类中，定义构造函数的一般格式为：

```
class 类名
{
    public 类名(参数表)          //构造函数名与类名相同
    {…}
}
```

在C#中构造函数与类的名称相同，能带参数，但不能返回任何值，即使是void，每个类必须有一个构造函数。如果不提供用户定义的构造函数，编译器会自动生成一个默认的构造函数，不过，它实际上并不会做任何事情。构造函数通常用来初始化新对象的数据成员。

通过分析【课堂案例8-5】，发现在创建对象时，需要自动对半径进行初始化，使用构造函数可以实现该要求。定义构造函数的代码如下：

```
class Circle
{
    private double radius;          //圆半径，私有类型
    public Circle()                 //构造函数
    {
        radius=0.0;                 //初始化半径值
    }
}
```

说明：

（1）构造函数通常用 public 修饰，用 protected、private 修饰可能导致无法实例化。虽然构造函数通常用 public 修饰，但不能像调用其他函数那样显式地调用构造函数。

（2）若没有构造函数，C#会自动调用默认的构造函数，形式如下：

<类名>(){}

8.6.2　实现应用程序

对于【课堂案例 8-5】，执行以下步骤：

（1）打开 VS 2015 集成开发环境，在已经创建的 chap08 子文件夹下新建名为 example8_5 的控制台应用程序。

（2）在控制台应用程序中书写如下代码：

【程序代码】Program.cs

```
1  using System;
2  using System.Collections.Generic;
3  using System.Text;
4  namespace example8-5
5  {
6      class Circle
7      {
8          private double radius;
9          public Circle()
10         {
11             radius=0.0;
12         }
13         public void displayRadius()
14         {
15             Console.WriteLine("初始化 Circle 对象，半径初始值为: "+radius);
16         }
17     }
18     class Program
19     {
20         static void Main(string[] args)
21         {
22             Circle c=new Circle();
23             c.displayRadius();
24         }
25     }
26 }
```

【程序说明】

① 第9~12行：定义了 Circle 类的构造函数 Circle()。类的构造函数必须与类名相同，构造函数与一般的函数相比，没有返回类型，也无返回值。构造函数 Circle()将在对象创建时被系统自动调用。

② 第11行：由于 Circle()是在创建 Circle 类对象时自动被调用，因此，根据案例要求，应该把对半径的初始化语句放在构造函数 Circle()里。当创建对象时，系统会自动执行构造函数，并将该对象的 radius 字段赋值为 0.0。

③ 第22行：创建圆类对象 c，程序执行该语句时将自动调用圆类的构造函数，即为对象 c 的 radius 字段赋初值。

（3）在.NET 集成环境中，按【Ctrl+F5】组合键执行应用程序。

程序执行效果如图 8-7 所示。

图 8-7 【课堂案例 8-5】程序执行效果图

课堂实践 8-5

编写程序：一个矩形类具有数据成员长（length）和宽（width），要求使用构造函数将 length 和 width 设置为 10，并使用 caculate()方法求解矩形面积的。

8.7 重载构造函数

【课堂案例 8-6】 阅读下面的程序，理解构造函数的重载并预测程序的输出结果。

```
1  class Circle
2  {
3      private int radius;
4      public Circle()
5      {
6          radius=0;
7      }
8      public Circle(int r)
9      {
10         radius=r;
11     }
```

```
12      public void Print()
13      {
14          Console.WriteLine(radius);
15      }
16 }
17 class Program
18 {
19      static void Main(string[] args)
20      {
21          Circle myCircle1=new Circle();
22          Console.Write("第一个圆的半径值为: ");
23          myCircle1.Print();
24          Circle myCircle2=new Circle(4);
25          Console.Write("第二个圆的半径值为: ");
26          myCircle2.Print();
27      }
28 }
```

【案例学习目标】掌握重载构造函数。

【案例知识要点】构造函数。

【案例完成步骤】

（1）定义重载构造函数。

（2）预测程序的输出结果。

8.7.1　定义重载构造函数

构造函数也属于类的成员方法，和普通的成员方法一样也可以重载。重载构造函数的目的在于提供多种初始化对象的方式，增强编程的灵活性。构造函数重载的形式与普通方法的重载格式相同。

【程序分析】

在圆类中定义了两个构造函数，一个不带任何参数，另一个是带整型参数。在主程序 Main() 方法中创建圆类对象 MyCircle1 时，调用的是不带任何参数的构造函数 Circle()。同样，当创建圆类另一个对象 MyCircle2 时，调用了带整型参数的构造函数 Circle(int r)。因此，对象 Mycircle1 的半径成员值为 0，而 MyCircle2 的半径成员值为 4。

8.7.2　预测程序的输出结果

根据重载的构造函数的功能，程序的输出结果为：

第一个圆的半径为: 0
第二个圆的半径为: 4

课堂实践 8-6

完成下面给出的程序，它能让用户实现以下任务：

（1）初始化时、分、秒。

（2）按给定的格式显示"时"、"时:分"或"时:分:秒"。

```
using System;
using System.Collections.Generic;
```

```
using System.Text;

namespace prj6_10
{
    class Time
    {
        private int hour;
        private int minute;
        private int second;

    }
    class Program
    {
        static void Main(string[] args)
        {
            Time obj=new Time();
            obj.display();
            obj.setTime(5);
            obj.display();
            obj.setTime(5,12)
            obj.display();
            obj.setTime(5,12,13);
            obj.display();

        }
    }
}
```

8.8 析 构 函 数

【课堂案例8-7】阅读下面的程序，识别析构函数并预测程序的输出结果。

```
1  using System;
2  using System.Collections.Generic;
3  using System.Text;
4  namespace example8_7
5  {
6      class Circle
7      {
8          ~Circle()           //析构函数
9          {
10             Console.WriteLine("析构函数被调用");
11         }
12         public Circle() //构造函数
13         {
14             Console.WriteLine("构造函数被调用");
15         }
16     }
17     class Program
18     {
```

```
19          static void Main(string[] args)
20          {
21              Circle obj=new Circle();
22          }
23      }
24 }
```

【案例学习目标】了解析构函数的定义与作用。

【案例知识要点】析构函数。

【案例完成步骤】

（1）初步认识析构函数。

（2）预测程序的输出结果。

8.8.1　初步认识析构函数

析构函数与构造函数是相对的，其用途是完成内存清理。在类中仅有一个析构函数。程序员对于什么时候调用析构函数没有控制权，.NET 框架会自动运行析构函数，销毁在内存中的对象。

析构函数的名字与类的名字相同，但有一个前缀"~"。其定义格式为：

```
class 类名
{
    public  ~类名()            //定义析构函数
    {…}
}
```

对于【课堂案例 8-7】，第 8～11 行定义类的析构函数，析构函数名与类名相同。在销毁对象时，.NET 框架会自动调用析构函数执行。

8.8.2　预测程序的输出结果

根据析构函数的功能，【课堂案例 8-7】的输出结果为：

构造函数被调用
析构函数被调用

课堂实践 8-7

阅读下面的程序，识别析构函数并预测程序的输出结果。

```
using System;
using System.Collections.Generic;
using System.Text;
namespace prj8_8t
{
    class Circle
    {
        double raduis;
        const double PI=3.14;
        public Circle()
        {
            raduis=0;
            Console.WriteLine("构造函数被调用");
        }
```

```
    ~Circle()
    {
        Console.WriteLine("析构函数被调用");
    }
    public double calculateArea()
    {
        return PI*raduis*raduis;
    }
}
class Program
{
    static void Main(string[] args)
    {
        double area;
        Circle obj=new Circle();
        area=obj.calculateArea();
        Console.WriteLine("圆的面积为: {0}",area);
    }
}
```

8.9　静　态　类

当在类声明中添加 static 修饰符时，该类称为静态类。对于静态类，用户不必创建该类的实例对象就可以访问类中的数据和方法成员。

静态类的定义与普通类相同，区别仅在于，在静态类的类名前要带上 static 修饰符。静态类的定义格式如下：

```
static  class  类名
{
    …                    //类定义
}
```

以 StudentInfo 类为例，下面的代码解释了静态类的定义。

```
1  static class StudentInfo
2  {
3      //定义名为 GetStudentName 的静态方法
4      public static string GetStudentName() { }
5      //定义名为 GetStudentAddress 静态方法
6      public static string GetStudentAddress() {}
7  }
```

静态类的使用规则

（1）静态类只能包含静态成员。

（2）静态类不能被实例化。

（3）静态类不能包含实例构造函数，但可声明静态构造函数用以分配初始值或设置某个静态状态。

8.10 静 态 成 员

【**课堂案例 8-8**】阅读下面的程序，识别静态成员并预测程序的输出结果。

```
1  using System;
2  using System.Collections.Generic;
3  using System.Text;
4  namespace prj6_9
5  {
6      class Item
7      {
8          private static int itemQty;
9          private int itemId;
10         private string itemName;
11         private double price;
12         private int qtyOh;
13         public Item(int itemId,string itemName,double price,int qtyOh)
14         {
15             itemQty++;
16             this.itemId=itemId;
17             this.itemName=itemName;
18             this.price=price;
19             this.qtyOh=qtyOh;
20         }
21         public static int getItemQty()
22         {
23             return itemQty ;
24         }
25         public void display()
26         {
27             Console.Write("商品编号: "+itemId.ToString());
28             Console.Write(",商品名称: "+itemName);
29             Console.Write(",商品单价: "+price.ToString());
30             Console.Write(",现有数量: "+qtyOh.ToString()+'\n');
31         }
32
33     }
34     class Program
35     {
36         static void Main(string[] args)
37         {
38             int total;
39             Item item1=new Item (1,"旺旺饼干",1.6,3);
40             item1.display();
41             Item item2=new Item (2,"维维豆奶",25,3);
42             item2.display();
43             Item item3=new Item (3,"花生",20,5);
44             item3.display();
```

```
45              total=Item.getItemQty();
46              Console.WriteLine("商品种类数为: "+total.ToString());
47          }
48      }
49 }
```

【案例学习目标】

- 掌握定义静态变量的使用。
- 掌握静态方法的使用。

【案例知识要点】静态变量、静态方法。

【案例完成步骤】

（1）初步认识静态成员。

（2）预测程序的输出结果。

8.10.1　初步认识静态成员

类可以具有静态成员，例如，静态变量、静态方法、静态属性等。静态成员的定义就是在类成员的定义前添加 static 修饰符。

例如：

```
private int itemName;                    //非静态变量的定义
private static int itemNo;               //静态变量的定义
public int getItemNo() { … }             //普通方法的定义
public static int getItemNo() { … }      //静态方法的定义
```

在使用上，静态成员与非静态成员的区别在于：静态成员可以被全体成员共享，而非静态成员只能被类的具体实例对象使用。

即使没有创建类的实例，也可以调用该类中的静态方法、字段、属性或事件。如果创建了该类的任何实例，就不能使用实例来访问静态成员。静态方法和属性只能访问静态字段和静态事件。静态成员通常用于表示不会随对象状态而变化的数据或计算的情况。

对于【课堂案例 8-8】，第 8 行定义了静态字段 itemQty，第 21～24 行定义了静态方法 getItemQty()，每增加一个商品，静态字段自动加 1，调用静态方法时，直接用类调用，而不需要实例化一个对象。

静态成员在使用中必须遵守的规则

（1）对于类中的静态成员，不能通过创建对象实例来访问。

（2）在静态方法和静态属性中只能访问静态变量和静态事件。

（3）静态成员通常用于表示不会随对象状况而变化的数据或计算的情况。

8.10.2　预测程序的输出结果

通过对【课堂案例 8-8】分析，应用程序的输出结果为：

商品编号: 1,商品名称: 旺旺饼干,商品单价: 1.6,现有数量: 3
商品编号: 2,商品名称: 维维豆奶,商品单价: 25,现有数量: 3
商品编号: 3,商品名称: 花生,商品单价: 20,现有数量: 5
商品种类数为: 3

课堂实践 8-8

课堂实践阅读下面的程序，找出程序中的错误并加以改正。

```csharp
using System;
using System.Collections.Generic;
using System.Text;

namespace prj6_11
{
    class Customer
    {
        private static int customerId;
        private string customerName;
        private string address;

        public static void showId()
        {
            Console.WriteLine("The customer Name is:"+customerName);
            Console.WriteLine("The customer Id is:"+customerId);
        }
        public static void setId(int cusId)
        {
            customerId=cusId;
        }
    }
    class Program
    {
        static void Main(string[] args)
        {
            Customer.setId(5);
            Customer.showId();
        }
    }
}
```

思考与练习

一、填空题

1. C#中类成员的访问修饰符有_____、_____和 protected。其中，_____的访问权限最高。

2. 如果希望类中的某一字段在类外无法被访问，可以使用_____访问修饰符。

3. 要给属性对应的数据成员赋值，通常要使用 set 访问器，set 访问器始终使用_____来设置属性的值。

4. 在 C#中，如果要将一个可读/写的公有属性 Name 修改为只读属性，应该要_____。

5. 在类中声明成员字段时，默认该成员字段的访问类型是_____。

6. 已知某类的类名为 MyClass，则该类的析构函数名为_____。

7. 在定义类的对象时，C#程序将自动调用该对象的_____函数初始化对象自身。

二、选择题

1. 下列关于构造函数的描述正确的是（　　　）。

    A. 构造函数可以声明返回类型   B. 构造函数不可以用 private 修饰

    C. 构造函数必须与类名相同   D. 构造函数不能带参数

2. 分析下列程序：

```
public class MyClass
{
    private string sdata="";
    public string sData{set {sdata=value;}}
}
```

    在 Main()函数中，创建了 MyClass 类的对象 obj 后，下列语句合法的是（　　　）。

    A. obj.sData = "It is funny!";   B. Console.WriteLine(obj.sData);

    C. obj.sdata = 100;   D. obj.set(obj.sData);

3. 在类的定义中，类的（　　　）描述了该类的对象的行为特征。

    A. 类名   B. 方法

    C. 所属的名字空间   D. 私有域

4. 调用重载方法时，系统根据（　　　）来选择具体的方法。

    A. 方法名   B. 参数的个数、类型以及方法返回值类型

    C. 参数名及参数个数   D. 方法的返回值类型

三、简答题

1. 简述类和对象的区别。

2. 如何实现字段的可读/写、只读？

3. 有哪些访问修饰符？它们所代表的含义是什么？

4. 如何实现方法重载？

5. 构造函数在 C#中是怎样定义的？主要起什么作用？是怎样被调用的？

6. 静态方法是怎样被调用的？

四、实践题

1. 找出下面程序的错误。

```
namespace test
{
    class Product
    {
        private int iProductId;
        private string sProductName;
        private string sCategory;
    }
    class Program
    {
        static void Main(string[] args)
        {
            Product objProduct=new Product();
            objProduct.iProductId=1;
```

```
                objProduct.sProductName="太子奶";
                objProduct.sCategory="饮料";
            }
        }
    }
```

2. 找出下面代码的错误并改正。

```
class Supplier
{
    private int iSupplierId;
    private string sSupplierName;
    private string sAddress;
    public int SupplierId
    {
        get
        {
            return iSupplierId;
        }
    }
    public string SupplierName
    {
        get
        {
            return sSupplierName;
        }
        set
        {
            sSupplierName=value;
        }
    }
    public string Address
    {
        set
        {
            sAddress=value;
        }
    }
}
Class program
{
    Supplier objSupplier=new Supplier();
    objSupplier.SupplierId=1;
    objSupplier.SupplierName="湖南科技责任有限公司";
    ojbSupplier.Address="长沙五一路33号";
    Console.WriteLine(objSupplier.Address);
}
```

3. 预测下面代码的输出结果。

```
namespace Example2
{
    class Program
    {
        class ClsDisplay
```

```
    {
        public void display(int num)
        {
            Console.WriteLine("num="+num.ToString ());
         }
        public void display(string str)
        {
            Console.WriteLine("str="+str);
        }
        public void display(int num,string str)
        {
            Console.WriteLine("num="+num.ToString()+","+"str="+str);
        }
        public void display(string str,int num)
        {
            Console.WriteLine("str="+str+","+"num="+num.ToString());
        }
    }
    static void Main(string[] args)
    {
        ClsDisplay obj=new ClsDisplay();
        int number=10;
        string str="ok";
        obj.display(number);
        obj.display(str);
        obj.display(number,str);
        obj.display(str,number);
    }
  }
}
```

第 **9** 章

继 承

本章详细介绍了继承、继承的工作机制，以及使用继承来提高代码的可重用性等知识。通过对本章的学习，读者会进一步体会和了解面向对象程序设计的性质。学习本章后要达到如下3个学习目标：

学习目标	
	☑ 了解类的继承性。
	☑ 掌握继承的使用。
	☑ 掌握如何隐藏基类成员。

9.1 类的继承性

在现实世界里，事物之间是相互联系的，它们既具有某些相同的特征，同时也存在着内在的差别。人们通常采用层次结构来描述这些事物之间的相似之处和不同之处。例如，交通工具越来越多样化，对于需要旅行的人来说，可以采用汽车、火车、飞机甚至是轮船等代步工具。无论是汽车、火车，还是飞机，它们都有一个公共的性质，即都属于交通工具。每种交通工具都有着区别于其他交通工具的特殊之处。例如，轮船只能在海上航行、汽车在公路上跑、火车在铁路上跑，它们途经的路线不同。在实际生活中，许多事物都存在着此类层次关系，即它们可能同属于某一大类，但在同一类中又有着各自独立存在的特征。

9.1.1 继承的概念

在面向对象程序设计中，为了能有效地描述现实生活中的事物关系，引入了类的继承性。继承就是在已有类的基础上创建的新类，使新类的部分或全部继承已有类的成员。在继承中，通过继承已有的一个或多个类而产生的一个新类称为派生类（或子类），被继承的类称为基类（或父类）。通过继承可以共享特性和操作，从而高效地重用代码。下面以一个例子来进一步说明继承的关系。现在有三个类，分别是动物、狗和马。狗和马都是动物，所以狗和马可以看成是动物的派生类，动物可以看成是马和狗的基类。我们可以通过一个层次结构图来直观地表示上述类之间的关系，如图 9-1 所示。

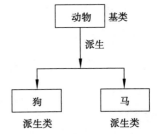

图 9-1　继承的层次结构示意图

9.1.2 继承的工作机制

从基类派生出一个新类的语法格式如下：

```
class  派生类名：基类名
{
    …    //派生类代码
}
```

其中，":"表示派生的意思，":"的前面是派生类的名字，后面是基类的名字。

> 说明：
> （1）在 C#中不允许多重继承，只允许继承自一个基类。
> （2）在 C#中通过继承，子类将拥有父类除构造函数和析构函数以外的所有成员。

9.2 继 承

【课堂案例 9-1】 在学生信息管理系统中，有两种学生类型：学生和学生干部。他们具有共同特征：学生学号、姓名、出生年月、性别、入学时间、所在班级、家庭住址、联系电话、手机、备注。此外，学生干部还具有职务名称以及工作部门信息。请用继承编写程序，完成学生的资料接收和显示功能。

【案例学习目标】
- 掌握基类和派生类的定义。
- 掌握基类和派生类的使用。

【案例知识要点】 基类、派生类的使用，以及成员的控制方式。

【案例完成步骤】

（1）定义基类。

（2）设置基类成员的访问控制方式。

（3）设置派生类成员的访问控制方式。

（4）实现应用程序。

9.2.1 定义基类

通过对【课堂案例 9-1】的分析，我们确定了要使用的类，Student 和 StudentManager。其中，Student 表示学生，StudentManager 表示学生干部。很显然，学生干部也是学生，具有学生的所有特征和信息。通过分析两个类之间的关系，我们确定 Student 为基类，StudentManager 是 Student 的派生类，即 StudentManager 类继承自 Student 类。

9.2.2 设置基类成员的访问控制方式

确定类之间的关系后，开始定义基类 Student。只有先定义基类，才能在其基础上定义派生类。

（1）确定字段：根据【课堂案例 9-1】的要求，学生类（Student）包括一个学生应具备的基本信息。具体有：学生学号、姓名、出生年月、性别、入学时间、所在班级、家庭住址、联系电话、手机、备注。表 9-1 列出了基类所需的所有成员字段及其数据类型。

表 9-1 Student 类的成员字段

字 段	类 型	描 述
sStuNumber	string	学生学号
sStuName	string	学生姓名
sBirthday	string	出生年月
sGender	string	性别
sEnrollTime	string	入学时间
sClass	string	所在班级
sAddress	string	家庭住址
sPhone	string	联系电话
sMobile	string	手机
sMemo	string	备注

（2）确定方法：定义两个方法 getInfo()、displayInfo()，分别实现接收和显示功能。表 9-2 列出了基类 Student 所有的成员方法

表 9-2 Student 类的成员方法

方 法	功 能 描 述
getInfo()	实现学生信息的接收功能
displayInfo()	实现显示学生信息的功能

（3）确定成员的访问方式：基于数据隐藏和继承性的考虑，我们决定隐藏基类的成员字段而公开基类的方法，因此，基类中所有成员字段均使用 protected 修饰，成员方法则使用 public 修饰。

通过上面的分析，基类 Student 的成员字段、方法以及访问方式都已经确定。下面代码段给出了基类 Student 的定义：

```
1  class Student                              //定义基类 Student
2  {
3      protected string sStuNumber;
4      protected string sStuName;
5      protected string sBirthday;
6      protected string sGender;
7      protected string sEnrollTime;
8      protected string sClass;
9      protected string sAddress;
10     protected string sPhone;
11     protected string sMobile;
12     protected string sMemo;
13     public void getInfo()
14     {
15         Console.WriteLine("请输入学生的基本信息, 学号, 姓名, 出生年月等");
16         sStuNumber=Console.ReadLine();
17         sStuName=Console.ReadLine();
18         sBirthday=Console.ReadLine();
```

```
19          sGender=Console.ReadLine();
20          sEnrollTime=Console.ReadLine();
21          sClass=Console.ReadLine();
22          sAddress=Console.ReadLine();
23          sPhone=Console.ReadLine();
24          sMobile=Console.ReadLine();
25          sMemo=Console.ReadLine();
26      }
27      public void displayInfo()
28      {
29          Console.WriteLine("输入的学生信息如下:
            {0},{1},{2},{3},{4},{5},{6},{7},{8},{9}",sStuNumber,sStuName,
            sBirthday,sGender, sEnrollTime,sClass,sAddress,sPhone,sMobile,
            sMemo);
30      }
31 }
```

【程序说明】

① 第 3～12 行：定义基类的成员字段。考虑到要对类的字段实现隐藏，所以定义字段访问方式为 protected，即可以在类内部以及类的派生类中访问该字段。

② 第 13～26 行：定义基类的成员方法 getInfo()，该方法实现接收学生信息。

③ 第 27～30 行：定义基类的成员方法 displayInfo()，该方法实现学生信息的显示。

到此，已经完成了【课堂案例 9-1】中基类 Student 的定义。接下来，我们要确定其派生类 StudentManager 及其成员的访问方式。

9.2.3 设置派生类成员的访问控制方式

（1）确定字段：分析基类与派生类的关系可知，派生类 StudentManager 除了继承基类（Student 类）的所有成员信息外，还必须能描述学生干部的特有信息，如担任职务和所在部门等。因此，在基类的基础上，派生类还需要额外定义下列字段，如表 9-3 所示。

表 9-3　派生类的字段

字　段	类　型	描　　述
sPosition	string	担任职务
sDepartment	string	所在部门

（2）确定类的方法：派生类 StudentManager 相较于基类而言，在原有功能之上，还需要再实现接收和显示职务和所在部门的功能。因此，在派生类中再定义两个方法 getSub 和 displaySub，如表 9-4 所示。

表 9-4　派生类的方法

方　　法	功　能　描　述
getSub()	实现对担任职务和所在部门信息的接收
displaySub()	实现显示担任职务和所在部门的信息

（3）确定成员访问方式：考虑到对类中数据成员的隐藏，我们使用 private 修饰符控制访问方式。

派生类 StudentManager 的成员字段、方法以及访问方式已经确定。下面给出了派生类的定义：

```
1  class StudentManager:Student          //定义派生类 StudentManager
2  {
3      private string sPosition;
4      private string sDepartment;
5      public void getSub()
6      {
7          Console.WriteLine("请输入担任的职务");
8          sPosition=Console.ReadLine();
9          Console.WriteLine("请输入所在部门");
10         sDepartment=Console.ReadLine();
11     }
12     public void displaySub()
13     {
14         Console.WriteLine("你担任的职务是：{0}",sPosition);
15         Console.WriteLine("你所在的部门是：{0}",sDepartment);
16     }
17 }
```

【程序说明】

① 第3～4行：派生类 StudentManager 特有的成员字段，使用 private 访问控制方式（采用该方式可以确保只能在 StudentManager 类中访问该数据成员）。

② 第5～11行：派生类的成员方法 getSub()，该方法实现对派生类成员值的接收。

③ 第12～16行：派生类的成员方法 displaySub()，该方法实现对担任职务和所在部门信息的显示。

> 说明：
> （1）C#用 "："引导继承列表。
> （2）C#中不允许多重继承，子类只能继承自一个基类。
> （3）在 C#中通过继承，子类将拥有父类除构造函数和析构函数以外的所有成员。

至此，通过对案例的分析、讲解，相信读者对 C#中类的继承机制已经有了一定认识和了解。通常，对于何时使用继承这一机制，是根据要实现的程序功能来决定的。随着编程经验的丰富，相信读者对继承机制会有更加深刻的理解和体会。

9.2.4　实现应用程序

对于【课堂案例 9-1】，执行以下步骤：

（1）在已经创建好的 CSharpSource 文件夹下再创建一个名为 chap09 的子文件夹。

（2）打开 VS 2005 集成开发环境，在已经创建好的 chap09 子文件夹下新建名为 example9-1 的控制台应用程序。

（3）在控制台应用程序中书写如下代码：

【程序代码】Program.cs

```
1  using System;
2  using System.Collections.Generic;
3  using System.Text;
```

```
4   namespace example9_1
5   {
6     class Student
7     {
8         protected string sStuNumber;
9         protected string sStuName;
10        protected string sBirthday;
11        protected string sGender;
12        protected string sEnrollTime;
13        protected string sClass;
14        protected string sAddress;
15        protected string sPhone;
16        protected string sMobile;
17        protected string sMemo;
18        public void getInfo()
19        {
20            Console.WriteLine("请输入学生的基本信息，学号，姓名，出生年月等");
21            sStuNumber=Console.ReadLine();
22            sStuName=Console.ReadLine();
23            sBirthday=Console.ReadLine();
24            sGender=Console.ReadLine();
25            sEnrollTime=Console.ReadLine();
26            sClass=Console.ReadLine();
27            sAddress=Console.ReadLine();
28            sPhone=Console.ReadLine();
29            sMobile=Console.ReadLine();
30            sMemo=Console.ReadLine();
31        }
32        public void displayInfo()
33        {
34            Console.WriteLine("输入的学生信息如下：
              {0},{1},{2},{3},{4},{5},{6},{7},{8},{9}",sStuNumber,sStuName,
              sBirthday,sGender,sEnrollTime,sClass,sAddress,sPhone,sMobile,
              sMemo);
35        }
36    }
37    class StudentManager:Student
38    {
39        private string sPosition;
40        private string sDepartment;
41        public void getSub()
42        {
43            Console.WriteLine("请输入担任的职务");
44            sPosition=Console.ReadLine();
45            Console.WriteLine("请输入所在部门");
46            sDepartment=Console.ReadLine();
47        }
48        public void displaySub()
49        {
50            Console.WriteLine("你担任的职务是：{0}",sPosition);
```

```
51              Console.WriteLine("你所在的部门是: {0}",sDepartment);
52          }
53      }
54  class Program
55  {
56      static void Main(string[] args)
57      {
58          Console.WriteLine("请输入学生信息");
59          Student stuOne=new Student();
60          stuOne.getInfo();
61          stuOne.displayInfo();
62          Console.WriteLine("请输入学生干部信息");
63          StudentManager objManager=new StudentManager();
64          objManager.getInfo();
65          objManager.getSub();
66          objManager.displayInfo();
67          objManager.displaySub();
68      }
69  }
70 }
```

【程序说明】

① 第 60、61 行：通过对象 stuOne 调用基类的 getInfo()和 displayInfo()方法，实现对学生基本信息的输入和显示。

② 第 63 行：创建派生类 StudentManager 的实例对象 objManager。该对象创建后自动继承父类的所有成员（成员字段、方法等）。

③ 第 64 行：通过派生类的实例对象 objManager 调用父类成员方法 getInfo()。当用"子类对象名.父类成员名"方式访问父类成员时，程序会自动跳到其父类相应成员处执行。

④ 第 65 行：派生类对象 objManager 调用派生类定义的成员方法 getSub()。

⑤ 第 66 行：通过派生类的实例对象 objManager 调用父类成员方法 displayInfo()。

⑥ 第 67 行：派生类对象 objManager 调用派生类定义的成员方法 displaySub()。

（4）在.NET 开发环境中，按【Ctrl+F5】组合键执行应用程序。

程序执行效果如图 9-2 所示。

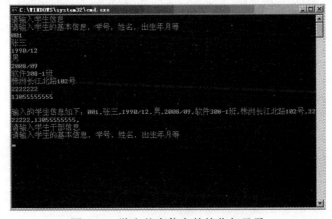

图 9-2　学生基本信息的接收与显示

课堂实践 9-1

有两个类：公民、领导。公民包含身份证号、姓名、出生日期；领导则继承自公民，并且还具备党派、职务两项信息。使用继承实现这两个类并实现每个类的数据输入/输出功能。

9.3　隐藏基类成员

【课堂案例 9-2】在基类 Student 中已有 getInfo()和 displayInfo()方法，实现接收学生信息和显示学生的信息功能。现要求在派生类 StudentManager 中也定义同名方法 getInfo()和 displayInfo()，该方法除了能实现基本信息的接收/显示外，要求还能实现学生干部职务和工作部门的接收/显示。

【案例学习目标】掌握隐藏基类成员的方法。

【案例知识要点】使用 new 关键字隐藏基类成员。

【案例完成步骤】

（1）使用 new 关键字隐藏基类成员。

（2）实现应用程序。

9.3.1　使用 new 关键字隐藏基类成员

new 作为运算符时，在派生类中使用 new 关键字修饰定义与基类成员同名的类成员（字段或方法），能实现隐藏基类的类成员的作用，即子类中加了 new 关键字的成员将顶替父类中同名的类成员。

根据【课堂案例 9-2】的要求，我们需要在派生类 StudentManager 中添加和基类同名的getInfo()方法和 displayInfo()方法，并且实现派生类中 getInfo()的功能。使用 new 关键字可以实现上述功能。

9.3.2　实现应用程序

对于【课堂案例 9-2】，执行以下步骤：

（1）打开 VS 2005 集成开发环境，在之前已经创建的 chap09 子文件夹下新建名为 example9-2的控制台应用程序。

（2）在控制台应用程序中书写如下代码：

【程序代码】Program.cs

```
1  using System;
2  using System.Collections.Generic;
3  using System.Text;
4  namespace example9_2
5  {
6      class Student
7      {
8          private string sStuNumber;
9          private string sStuName;
10         private string sBirthday;
```

```
11          private string sGender;
12          private string sEnrollTime;
13          private string sClass;
14          private string sAddress;
15          private string sPhone;
16          private string sMobile;
17          private string sMemo;
18          public void getInfo()
19          {
20              Console.WriteLine("请输入学生的基本信息，学号，姓名，出生年月等");
21              sStuNumber=Console.ReadLine();
22              sStuName=Console.ReadLine();
23              sBirthday=Console.ReadLine();
24              sGender=Console.ReadLine();
25              sEnrollTime=Console.ReadLine();
26              sClass=Console.ReadLine();
27              sAddress=Console.ReadLine();
28              sPhone=Console.ReadLine();
29              sMobile=Console.ReadLine();
30              sMemo=Console.ReadLine();
31          }
32          public void displayInfo()
33          {
34              Console.WriteLine("输入的学生信息如下:
                {0},{1},{2},{3},{4},{5},{6},{7},{8},{9}",sStuNumber,sStuName,
                sBirthday,sGender,sEnrollTime,sClass,sAddress,sPhone,sMobil
                e,sMemo);
35          }
36      }
37  class StudentManager : Student
38  {
39      private string sPosition;
40      private string sDepartment;
41      new public void getInfo()
42      {
43          Console.WriteLine("请输入学生干部的信息，任职，所在部门");
44          sPosition=Console.ReadLine();
45          sDepartment=Console.ReadLine();
46      }
47      new public void displayInfo()
48      {
49          Console.WriteLine("输入的学生干部信息如下: {0},{1}",sPosition,
50          sDepartment);
51      }
52  }
53  class Program
54  {
55      static void Main(string[] args)
56      {
57          Student stuOne=new Student();
```

```
58              stuOne.getInfo();
59              stuOne.displayInfo();
60              StudentManager objManager=new StudentManager();
61              objManager.getInfo();
62              objManager.displayInfo();
63          }
64      }
65 }
```

【程序说明】

① 第 41～46 行：使用 new 关键字隐藏基类的同名方法 getInfo()，并在派生类中重写同名方法。

② 第 47～51 行：使用 new 关键字隐藏基类的同名方法 displayInfo()，并在派生类中重写同名方法。

③ 第 58、59 行：通过 stuOne 对象访问基类的 getInfo() 和 displayInfo() 方法，实现对学生基本信息的接收/显示。

④ 第 61、62 行：通过 objManager 访问派生类的 getInfo() 和 displayInfo() 方法，实现对学生干部的任职及所在部门信息的接收/显示。

（3）在 .NET 开发环境中，按【Ctrl+F5】组合键执行应用程序。

程序执行效果如图 9-3 所示。

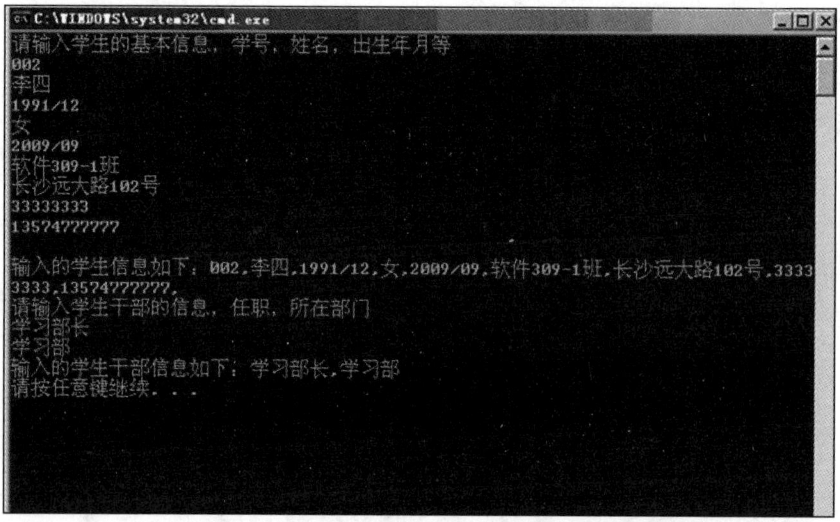

图 9-3 【课堂案例 9-2】程序执行效果图

课堂实践 9-2

阅读下面的程序，并预测程序的输出结果。

```
using System;
using System.Collections.Generic;
using System.Text;
namespace prj9_3
{
    public class BaseClass
```

```
{
    public static int val=123;
    public void Fun()
    {
        Console.WriteLine("调用基类的方法 Fun");
    }
}
public class DervClass : BaseClass
{
    new public static int val=456;//隐藏基类的字段
    new public void Fun()           //隐藏基类的方法
    {
        Console.WriteLine("调用派生类的方法 Fun");
    }
}
 public class app
{
    static void Main(string[] args)
    {
        BaseClass ba=new BaseClass();
        DervClass de=new DervClass();
        ba.Fun();
        Console.WriteLine(Base.val);
        de.Fun();
        Console.WriteLine(Derv.val);
    }
}
}
```

9.4 派生类的构造函数和析构函数

派生类不能继承基类的构造函数和析构函数,但派生类在创建对象时可通过 base 关键字调用其直接基类的默认构造函数。

派生类在构造对象时，先调用直接基类的构造函数，再调用派生类的构造函数。但派生类对象的析构顺序却与派生类的构造顺序相反,在调用时先调用派生类的析构函数，然后再调用基类的析构函数。

派生类的 base 关键字调用构造函数格式如下：

[修饰符] 派生类名(形参表):base(实参表){}

下面的代码解释了使用 base 关键字调用其父类的构造函数。

```
using System;
using System.Collections.Generic;
using System.Text;
namespace prj9_4
{
    class Person
    {
        public string  name;
```

```
        public uint  age;
        public Person(string name,uint age)
        {
            this.name=name;
            this.age=age;
        }
    }
class Student:Person
{
        private uint id;
        //通过:base 关键字将调用 Person 类构造函数
        public Student(string name,uint age,uint id):base(name,age)
        {
            this.id=id;
            Console.WriteLine(id);
        }
    }
class Program
{
        static void Main(string[] args)
        {
            //构造 Student
            Student objStudent=new Student("XYZ",45,1);
        }
    }
}
```

从上述程序可看出，派生类 Student 在定义构造函数时通过使用 base 关键字调用基类的构造函数。

9.5　base 关键字

base 关键字不但能实现派生类在创建对象时通过它调用其直接基类的默认构造函数，而且 base 关键字还能代表基类名。其使用方法是：

base.基类成员名　　//在派生类中访问基类成员

下面的代码解释了在派生类中 base 关键字的使用。

```
using System;
using System.Collections.Generic;
using System.Text;
namespace prj9_5
{
    public class Person
    {
        public string  name;
        public uint  age;
        public Person(string name,uint age)
        {
            this.name=name;
            this.age=age;
```

```
        }
        public void display()
        {
            Console.WriteLine("name:{0}",name);
            Console.WriteLine("age:{0}",age);
        }
    }
public class Student:Person
{
    private uint id;
    //通过:base 关键字将调用 Person 类构造函数
    public Student(string name,uint age,uint id):base(name,age)
    {
        this.id=id;
    }
    public void dispInfo()
    {
        base.display();              //调用基类的方法
        Console.WriteLine ("Id:{0}",id);
    }
}
class program
{
    static void Main(string[] args)
    {
        //构造 Student
        Student objStudent=new Student("XYZ",45,1);
        objStudent.dispInfo();
    }
}
}
```

从上述程序可看出,在派生类 Student 的 displayInfo()中使用 base 关键字调用基类的 display()
成员。

思考与练习

一、填空题

1. C#中所有类都是_____类的派生类。

2. 在现有类上建立新类（称为派生类）的处理过程称为_____。

3. 基类中的字段通常使用_____类型的访问修饰符。

4. 在派生类中可以使用_____、_____关键字实现对基类成员的隐藏。

5. 如果希望某个类不能被其他类继承,应该为这个类添加_____关键字。

二、选择题

1. 下面有关类的继承的说法正确的是（　　）。

　　A. 所有的类成员都可以被继承

　　B. 在派生类中可通过隐藏继承成员来删除基类的成员

    C. 在描述类的继承关系时，父类与子类是基类与派生类的另一种说法

    D. 派生类的成员应该与基类的成员一致，不能为派生类增加新成员

2. 面向对象编程中的"继承"的概念是指（　　）。

    A. 派生类对象可以不受限制地访问所有的基类对象

    B. 派生自同一个基类的不同类的对象具有一些共同特征

    C. 对象之间通过消息进行交互

    D. 对象的内部细节被隐藏

3. 派生类能够直接访问的基类成员是（　　）。

    A. 公有成员   B. 保护成员

    C. 私有成员   D. 静态成员

4. （　　）类是所有其他类型的最根本基类。

    A. Object   B. Exception

    C. Array   D. Fiile

三、简答题

1. 什么是基类？什么是派生类？派生类和基类之间是怎样的关系？

2. 在 C#中实现隐藏基类成员的方法有哪些？请说明各自的特点以及使用方式。

第10章

多 态

本章详细介绍了多态性，虚方法、抽象方法、接口的概念和使用，以及如何通过虚方法、抽象类和接口三种方式实现类的多态。通过本章的学习，读者将进一步体会到面向对象程序设计的优越性。学习本章后要达到以下4个学习目标：

学习目标	☑ 了解多态性。 ☑ 掌握使用虚方法实现多态。 ☑ 掌握使用抽象类实现多态。 ☑ 掌握使用接口实现多态。

10.1 多 态 性

多态性概念来源于生物学，指多型现象。面向对象的多态性是指同一个方法的执行在不同的条件下表现出不同的形态，即实际执行的可能是不同的方法，存在着一对多的关系。

在面向对象程序设计中，从广义上看，可以将多态性分成两种：静态多态性和动态多态性。

静态多态性是指一个对象同时以不同的物理形式存在。这个概念类似于，某个学生同时代表哥哥和班长的身份。像前面讲的方法重载就属于静态多态，这种多态在程序编译时，系统就能确定类的对应方法被调用。所以，静态多态性又称先期联编多态性。

动态多态性是指对象根据环境变化来改变它的形式。这个概念可用变色龙的例子来类比——变色龙一看到靠近的敌人就会改变它的颜色。这种多态只有在程序运行时，系统才能确定类的对应方法被调用。所以，这种多态又称滞后联编多态性。动态多态性从实现多态的方法上看，可分为两种类型：基于继承的多态性和基于接口的多态性。基于继承的多态性是在基类中定义方法并在派生类中重写它们，具体实现时采用的是"虚方法"方式。

本章将重点围绕虚方法、抽象类以及接口三种方法的定义和使用，讲解在C#中如何实现类的多态。

10.2 使用虚方法实现多态

【课堂案例10-1】学生成绩管理系统除了具有管理学生基本信息的功能外，还具有管理相关课程信息的功能。例如，学校通常将课程分为必修课和选修课两类，对于必修课和选修课，既有共同特征（即课程编号、课程名以及学时），又有各自特征（如选修课存在选修人数的多少，必修课存在前导和后续课程的衔接）。现要求在成绩管理系统中，实现必修课和选修课信息的接收以及显示功能。其中，必修课包括课程编号、名称、学时、前导课程和后续课程信息，选修课包括编号、名称、学时和选修人数信息。

【案例学习目标】
- 掌握虚方法的定义。
- 掌握虚方法的使用。

【案例知识要点】虚方法的定义和使用。

【案例完成步骤】
（1）初步认识虚方法。
（2）实现应用程序。

10.2.1　初步认识虚方法

C#可以在派生类中实现对基类某个方法的重新定义，并且要求方法名和参数都相同，这种特性称为虚方法重载，又称重写方法。

实现虚方法重载要求在定义类时，在基类中对要重载的方法添加 virtual 关键字。然后，在派生类中对同名的方法使用 override 关键字。

基类中声明虚方法的格式如下：

```
public virtual 方法名([参数列表]) {…}
```

派生类中重载虚方法的格式如下：

```
public override 方法名([参数列表]) {…}
```

通过对【课堂案例 10-1】的分析，我们可以定义三个类：Course、CompulsoryCourse、ElectiveCourse。其中，Course 代表课程、CompulsoryCourse 代表必修课、ElectiveCourse 代表选修课。无论是必修课还是选修课，其实质都是一门课程。因此，我们定义 Course 为 CompulsoryCourse 和 ElectiveCourse 的基类。

基类的课程（Course）包括课程编号、课程名称、学时字段，如表 10-1 所示。

表 10-1　Course 类的成员字段

字　　段	类　　型	描　　述
iCourseNumber	int	课程编号
sCourseName	string	课程名称
ilearnNumber	int	学时

基类的课程（Course）要定义接收课程信息和显示课程信息的方法，如表 10-2 所示。

表 10-2　Course 类的成员方法

方　　法	功能描述	方　　法	功能描述
getCourseInfo()	接收课程信息	displayCourseInfo()	显示课程信息

由于基类的方法需要在派生类中重载，所以需要把该方法定义为虚方法。基类 Course 的定义如下：

```
1   class Course
2   {
3       protected int iCourseNumber;              //课程编号
4       protected string sCourseName;             //课程名称
5       protected int ilearnNumber;               //学时
6       public virtual void getCourseInfo()       //基类虚方法 getCourseInfo()
7       {
8           Console.WriteLine("输入课程基本信息");
9           Console.WriteLine("编号");
10          iCourseNumber=int.Parse(Console.ReadLine());
11          Console.WriteLine("课程名称");
12          sCourseName=Console.ReadLine();
13          Console.WriteLine("学时");
14          ilearnNumber=int.Parse(Console.ReadLine());
15      }
16      public virtual void displayCOurseInfo() //基类虚方法 displayCOurseInfo()
17      {
18          Console.WriteLine("课程编号: "+iCourseNumber);
19          Console.WriteLine("课程名称: "+sCourseName);
20          Console.WriteLine("学分: "+iCourseNumber);
21      }
22  }
```

【程序说明】

① 第 3~5 行：定义基类的成员字段以及访问类型。

② 第 6~15 行：定义基类的虚方法 getCourseInfo()，实现对课程编号、课程名称以及学时信息的输入。基类虚方法的定义格式和一般的成员方法定义格式基本相同，区别在于定义虚方法时，要使用 virtual 关键字。

③ 第 16~21 行：定义基类的虚方法 displayCourseInfo()，实现对课程编号、课程名称及学时信息的显示。

必修课 CompulsoryCourse 除了继承基类的所有成员字段外，还需要添加特有的成员字段：前导课程和后续课程。其次，CompulsoryCourse 继承基类虚方法的同时，也需要在已有的功能上再添加接收和显示前导/后继课程的语句。根据虚方法重载的要求，我们要在必修课 CompulsoryCourse 中采用 override 关键字重写基类虚方法。派生类 CompulsoryCourse 的定义如下：

```
1   class CompulsoryCourse:Course              //派生类 CompulsoryCourse 的定义
2   {
3       private string sCourseBefore;             //前导课程
4       private string sCourseLater;              //后续课程
5       public override void getCourseInfo()   //重写基类虚方法 getCourseInfo()
6       {
7           base.getCourseInfo();     //调用基类虚方法 getCourseInfo()
8           Console.WriteLine("必修课的前导课程: ");
9           sCourseBefore=Console.ReadLine();
10          Console.WriteLine("必修课的后继课程: ");
11          sCourseLater=Console.ReadLine();
12      }
13      public override void displayCOurseInfo()
        //重写基类虚方法 display COurseInfo()
```

```
14      {
15          base.displayCOurseInfo();  //调用基类虚方法 displayCOurseInfo()
16          Console.WriteLine("必修课的前导课程: "+sCourseBefore);
17          Console.WriteLine("必修课的后续课程: "+sCourseLater);
18      }
19  }
```

【程序说明】

① 第3~4行：定义 CompulsoryCourse 类的成员字段。

② 第5~12行：在派生类 CompulsoryCourse 中重写基类虚方法 getCourseInfo()。注意，在派生类中重写虚方法，必须在方法声明处加上 override 关键字。

③ 第7行：使用 base 关键字调用基类的同名方法。

④ 第13~18行：在派生类 CompulsoryCourse 中重写基类虚方法 displayCOurseInfo()。

有关派生类 ElectiveCourse，其构造原理与派生类 CompulsoryCourse 相似。

下面，我们给出了派生类 ElectiveCourse 的定义：

```
1 class ElectiveCourse:Course                    //派生类 ElectiveCourse 的定义
2 {
3      private int iNumber;                       //选修人数
4      public override void getCourseInfo()       //重写基类虚方法 getCourseInfo()
5      {
6          base.getCourseInfo();
7          Console.WriteLine("选修课人数: ");
8          iNumber=int.Parse(Console.ReadLine());
9      }
10     public override void displayCOurseInfo() //重写基类虚方法
          displayCOurseInfo()
11     {
12         base.displayCOurseInfo();
13         Console.WriteLine("选修课人数: "+iNumber);
14     }
15  }
```

【程序说明】

① 第3行：定义派生类 ElectiveCourse 类特有的成员字段：选修人数。

② 第4~9行：重写基类虚方法 getCourseInfo()。

③ 第6行：使用 base 关键字调用基类的虚方法 getCourseInfo()，实现对课程基本信息的接收。

④ 第10~14行：重写基类虚方法 displayCourseInfo()，用来显示包括选修课特有的选修人数等课程信息。

⑤ 第12行：使用 base 关键字调用基类同名虚方法 displayCourseInfo()，显示课程的基本信息。

至此，【课堂案例 10-1】所需的基类和派生类均已定义完毕。读者可以通过在 Main()函数调用虚方法以及派生类复写的同名方法，完成【课堂案例 10-1】的要求。通过调试程序，读者还可以进一步地体会使用虚方法实现多态性的过程和特点。

10.2.2 实现应用程序

对于【课堂案例 10-1】，执行以下步骤：

（1）在已经创建好的 CSharpSource 文件夹下再创建一个名为 chap10 的子文件夹。

（2）打开 VS 2015 集成开发环境，在已经创建好的 chap10 子文件夹下新建名为 example10_1 的控制台应用程序。

（3）在控制台应用程序中书写如下代码：

【程序代码】Program.cs

```
1   using System;
2   using System.Collections.Generic;
3   using System.Text;
4   namespace example10_1
5   {
6       class Course
7       {
8           Protected int iCourseNumber;          //课程编号
9           Protected string sCourseName;         //课程名称
10          Protected int ilearnNumber;           //学时
11          public virtual void getCourseInfo()   //基类虚方法 getCourseInfo()
12          {
13              Console.WriteLine("输入课程基本信息");
14              Console.WriteLine("编号");
15              iCourseNumber=int.Parse(Console.ReadLine());
16              Console.WriteLine("课程名称");
17              sCourseName=Console.ReadLine();
18              Console.WriteLine("学时");
19              ilearnNumber=int.Parse(Console.ReadLine());
20          }
21          public virtual void displayCourseInfo()//基类虚方法 displayCOurseInfo()
22          {
23              Console.WriteLine("课程编号: "+iCourseNumber);
24              Console.WriteLine("课程名称: "+sCourseName);
25              Console.WriteLine("学分: "+iCourseNumber);
26          }
27      }
28      class CompulsoryCourse : Course          //派生类 CompulsoryCourse 的定义
29      {
30          private string sCourseBefore;        //前导课程
31          private string sCourseLater;         //后续课程
32          public override void getCourseInfo()//重写基类虚方法 getCourseInfo()
33          {
34              base.getCourseInfo();            //调用基类虚方法 getCourseInfo()
35              Console.WriteLine("必修课的前导课程: ");
36              sCourseBefore = Console.ReadLine();
37              Console.WriteLine("必修课的后继课程: ");
38              sCourseLater = Console.ReadLine();
39          }
40          public override void displayCourseInfo()
                //重写基类虚方法 displayCOurseInfo()
41          {
42              base.displayCourseInfo(); //调用基类虚方法 displayCOurseInfo()
43              Console.WriteLine("必修课的前导课程: "+sCourseBefore);
44              Console.WriteLine("必修课的后续课程: "+sCourseLater);
```

```
45          }
46      }
47      class ElectiveCourse : Course        //派生类ElectiveCourse的定义
48      {
49          private int iNumber;            //选修人数
50          public override void getCourseInfo()
            //重写基类虚方法getCourseInfo()
51          {
52              base.getCourseInfo();
53              Console.WriteLine("选修课人数: ");
54              iNumber=int.Parse(Console.ReadLine());
55          }
56          public override void displayCourseInfo()
            //重写基类虚方法displayCOurseInfo()
57          {
58              base.displayCourseInfo();
59              Console.WriteLine("选修课人数: "+iNumber);
60          }
61      }
62      class Program
63      {
64          static void Main(string[] args)
65          {
66              Course objCourse;
67              CompulsoryCourse objCom=new CompulsoryCourse();
68              ElectiveCourse objElec=new ElectiveCourse();
69              objCourse=objCom;
70              objCourse.getCourseInfo();
71              objCourse.displayCourseInfo();
72              objCourse=objElec;
73              objCourse.getCourseInfo();
74              objCourse.displayCourseInfo();
75          }
76      }
77  }
```

【程序说明】

① 第 70 行：调用派生类 CompulsoryCourse 中重写基类虚方法 getCourseInfo()，实现必修课信息的接收。

② 第 71 行：调用派生类 CompulsoryCourse 中重写的基类虚方法 displayCourseInfo()，用来实现对必修课信息的显示。

③ 第 73 行：调用派生类 ElectiveCourse 中重写的基类虚方法 getCourseInfo()，实现选修课信息的接收。

④ 第 74 行：调用派生类 ElectiveCourse 中重写的基类虚方法 displayCourseInfo()，实现选修课信息的显示。

（4）在.NET 开发环境中，按【Ctrl+F5】组合键执行应用程序。

程序执行效果如图 10-1 所示。

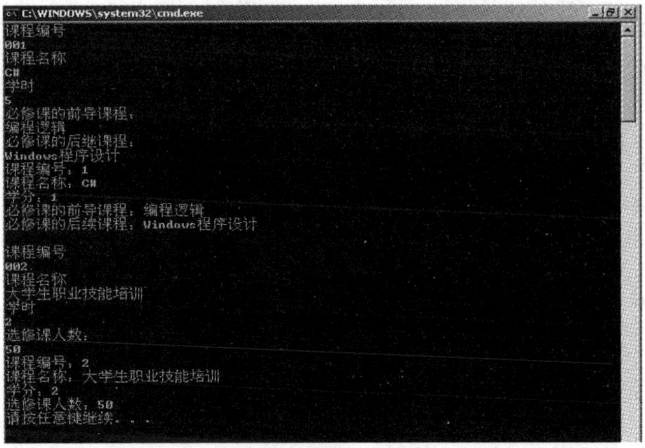

图 10-1 【课堂案例 10-1】程序运行结果

课堂实践 10-1

在超市管理系统中，需要计算员工的工资，员工按职称不同，增加的工资不同，一般工人增加的工资系数为 1，中级员工增加工资的系数为 2，高级员工增加工资的系数为 3。员工的工资信息为：编号、姓名、基本工资、增加工资。使用虚方法解决上述问题。

10.3 使用抽象类实现多态

【课堂案例 10-2】现有一平面图形类（Shape），圆（Circle）和矩形（Rectangle）都是平面图形的一种，现要求实现对任一平面图形的面积的计算功能。

【案例学习目标】
- 掌握抽象类、抽象方法的定义。
- 掌握抽象类、抽象方法的使用。

【案例知识要点】抽象类、抽象方法。

【案例完成步骤】

（1）定义抽象类。

（2）定义抽象方法。

（3）实现抽象方法。

（4）实现应用程序。

10.3.1 定义抽象类

使用虚方法实现的多态可以在基类的虚方法中实现部分派生类所要求的功能。但是，有时我们可能会碰到这样的情况：在基类中声明的虚方法无法事先确定要实现的具体功能。例如，计算平面图形面积没有具体实现的方法，只有针对具体的平面图形，如圆形、矩形，我们才能算出实际的面积值。如果我们把平面图形看成是圆形和矩形的基类，那么在基类中就不能实现计算平面图形的面积。我们可以把平面图形定义成抽象类，并将该类的计算面积功能定义成抽象方法，以解决这个问题。

在 C#中，在类前加关键字 abstract 就可以定义一个抽象类。抽象类的定义格式：

```
abstract class 类名
{
    //抽象类成员的定义
    …
}
```

通过分析【课堂案例 10-2】，我们定义基类 Shape 为抽象类，用来抽象和规范所有平面图形的公共行为。

```
abstract class Shape          //定义抽象类 Shape
{
    //成员定义
}
```

10.3.2 定义抽象方法

抽象方法的定义格式与抽象类相同，需要在方法名前加 abstract 关键字。定义格式如下：

```
public abstract void 方法名(方法参数);
```

抽象方法没有可执行代码，所以在定义语句最后必须有一个分号 ";"。

通过分析【课堂案例 10-2】，我们定义基类 Shape 抽象方法 calculateArea()。定义的方法如下：

```
public abstract double calculateArea();       //定义抽象方法
```

说明：

（1）抽象类和抽象方法的关系是：抽象类中可以没有抽象方法，只需用 abstract 修饰类即可，类中如果有抽象方法，类也必须修饰成抽象类。

（2）抽象方法的声明中不能包含 static、virtual、override 修饰符。

10.3.3 实现抽象方法

由于抽象类是不能实例化的，因此，抽象方法的功能需要在派生类中用重写同名方法的方式实现。重写的方法与抽象类中的方法的参数及其类型、方法名都应相同。重写抽象方法在方法前面加 override 关键字。

通过分析【课堂案例 10-2】，在派生类中需要重写基类的方法。实现的代码如下：

```
class Circle : Shape
{
    private double radius;
    private double PI=3.14;
    public Circle(double radius)
    {
        this.radius=radius;
    }
    public override double calculateArea()   //使用 override 重写基类的抽象方法
    {
        return PI*radius*radius;
    }
}
```

```
class Rectangle : Shape
{
    private double width;
    private double heigh;
    public Rectangle(double width,double heigh)
    {
        this.width=width;
        this.heigh=heigh;
    }
    public override double calculateArea()  //使用override重写基类的抽象方法
    {
        return width*heigh;
    }
}
```

10.3.4 实现应用程序

对于【课堂案例 10-2】，执行以下步骤：

（1）打开 VS 2015 集成开发环境，在之前已经创建的 chap10 子文件夹下新建名为 example 10_2 的控制台应用程序。

（2）在控制台应用程序中书写如下代码：

【程序代码】 Program.cs

```
1  using System;
2  using System.Collections.Generic;
3  using System.Text;
4  namespace example10_2
5  {
6      abstract class Shape
7      {
8          public abstract double calculateArea();
9      }
10     class Circle : Shape
11     {
12         private double radius;
13         private double PI=3.14;
14         public Circle(double radius)
15         {
16             this.radius=radius;
17         }
18         public override double calculateArea()
           //重写基类的抽象方法calculateArea()
19         {
20             return PI*radius*radius;
21         }
22     }
```

```
23    class Rectangle : Shape
24    {
25        private double width;
26        private double heigh;
27        public Rectangle(double width,double heigh)
28        {
29            this.width=width;
30            this.heigh=heigh;
31        }
32        public override double calculateArea()
33        {
34            return width*heigh;
35        }
36    }
37    class Program
38    {
39        static void Main(string[] args)
40        {
41            Shape obj;
42            double area;
43            Circle objCircle=new Circle(5.0);
44            obj=objCircle;
45            area=obj.calculateArea();
46            Console.WriteLine("the area of circle is : {0}",area);
47            Rectangle objRect=new Rectangle(4.0,5.0);
48            obj=objRect;
49            area=obj.calculateArea();
50            Console.WriteLine("the area of rectangle is : {0}",area);
51        }
52    }
53 }
```

【程序说明】

① 第 6～9 行：定义抽象类 Shape。在抽象类中定义抽象方法 calculateArea()。抽象方法需要给出方法的访问权限、返回值类型，若带有参数列表也需要指明。

② 第 10～22 行：定义派生类 Circle。

③ 第 18～21 行：在派生类 Circle 中，重写基类的抽象方法 calculateArea()。注意，重写抽象方法需要使用"override"关键字，且重写的方法返回类型以及参数列表等都必须与抽象方法一致。第 18～21 行的 calculateArea()方法实现圆面积求解。

④ 第 23～36 行：定义派生类 Rectangle。

⑤ 第 32～35 行：在派生类 Rectangle 中，重写基类抽象方法 calculateArea()。

⑥ 第 39～51 行：主程序 Main()方法。在该方法中分别通过实例化派生类 Circle 和 Rectangle 的对象，调用各自重写的 calculateArea()方法分别实现了圆形和矩形的面积求解。

（3）在.NET 开发环境中，按【Ctrl+F5】组合键运行应用程序。

程序执行效果如图 10-2 所示。

图 10-2 【课堂案例 10-2】程序运行结果

课堂实践 10-2

使用抽象类和抽象方法解决"课堂实践 10-1"中的问题。

10.4 使用接口实现多态

接口是面向对象程序设计思想中的一个重要概念，接口的工作原理很好地体现了面向对象程序设计的优点。例如，如果想将两个水池用一根管子连接，就需要定义一个"接口"。通过这个接口，可以使两个水池之间遵守同一种标准来实现对接。例如，这两个水池都必须遵守工厂排水的接口标准，才能实现连接，若其中一个水池采用的是民用自来水接口标准，显然就无法连接。对于水池之间遵守的这种公共标准，读者可以理解为"接口"的作用。接口的发布要有权威性，自己定义的接口在自己编程的范围内使用；与人合作时需要互相商量，事先设计好接口。

【课堂案例 10-3】使用接口实现平面图形中圆形和矩形的面积计算。

【案例学习目标】

- 掌握接口的定义。
- 掌握接口的实现。

【案例知识要点】接口的定义和实现。

【案例完成步骤】

（1）定义接口。

（2）实现接口。

（3）实现应用程序。

10.4.1 定义接口

接口是一种协议，接口中只有方法的说明和规定，没有方法的实现。接口中方法的实现是由继承了接口的类完成。

接口可以是命名空间或类的成员，定义接口使用关键字 interface。定义接口的格式为：

```
[修饰符] interface<接口名> [: 继承的接口列表]
{
    //接口成员定义
}
```

说明：

（1）接口可以包含多个成员，这些成员可以是方法、属性、索引器，但不能是常量、字段、构造函数等，且不能包含任何静态成员（换言之，不能用 static 修饰接口成员）。

（2）当继承的接口列表由一个或多个基接口的列表组成时，接口间用逗号分隔。

（3）接口类似于抽象基类，继承接口的任何非抽象类必须实现接口的所有成员。

（4）接口不能直接被实例化。

（5）类只能继承自一个基类，但可以实现多个接口，接口之间用逗号分隔。

例如，我们定义一个接口 IPicture，定义方法如下：

```
public interface IPicture
{
    //接口只有定义没有实现,并且没有访问修饰符
    int deleteImage();
    void displayImage();
}
```

从上述代码可看出，接口中的方法只有定义没有实现，并且接口前不能有访问修饰符。

根据【课堂案例 10-3】的设计要求，我们定义一个接口代表平面图形，并在该接口中声明一个计算面积的方法成员 calculateArea()，在接口中只需给出方法的声明，具体功能的实现由接口的实现类圆（Circle）和矩形（Rectangle）完成。下述给出了【课堂案例 10-3】中 IShape 接口的定义：

```
public interface IShape                  //定义接口 IShape
{
    double  calculateArea();             //声明方法
}
```

10.4.2　实现接口

接口只负责对方法进行声明，不包括具体的方法体。对于功能的实现，是由实现接口的类来完成。类要实现接口定义的功能，其方法就是让类继承该接口，并实现接口中声明的所有方法，这就是所谓的"实现接口"。

类实现接口的格式：

```
[修饰符] class <类名>: [基类名],[接口名 1],[接口名 2],[ 接口名 3],…
{
    //类成员
}
```

说明：

（1）如果定义的类既是某个基类的派生类，同时又继承多个接口时，要求将基类名放在继承成员列表的最前面。

（2）类只能继承自一个基类，但可以继承多个接口。

（3）类继承了接口，就必须实现接口中定义的所有成员方法，并且要求格式相同。

（4）接口中的方法访问权限隐式为 public 方式，所以，类在实现接口的方法时一般用 public 修饰符。

例如，要实现上面定义的接口 IPicture，代码如下：

```
public class Picture:IPicture
{
    public int deleteImage()
    {
        ...
    }
    public void  displayImage()
    {
        ...
    }
}
```

从上面的程序可以看出，Picture 类实现了 IPicture 接口的所有方法。

根据【课堂案例 10-3】的要求，我们需要通过类来实现接口。先定义两个类：圆类（Circle）和矩形类（Rectangle），然后让这两个类实现接口 IShape。根据实现接口的要求，如果类继承自接口的话，就必须实现接口中声明的所有方法。因此，我们要在圆类和矩形类中分别实现 IShape 中声明的 calculateArea()方法。

下面给出了圆类、矩形类实现接口的代码示例。

```
class Circle:IShape                         //继承接口 IShape
{
    private double radius;
    private const double PI=3.14;
    public Circle(double radius)
    {
        this.radius=radius;
    }
    public double calculateArea()           //实现接口的方法
    {
        return PI*radius*radius;
    }
}
class Rectangle:IShape                       //继承接口 IShape
{
    private double width;
    private double heigh;
    public Rectangle(double width,double heigh)
    {
        this.width=width;
        this.heigh=heigh;
    }
    public override double calculateArea()   //实现接口的方法
    {
        return width*heigh;
    }
}
```

说明：

（1）类中实现的方法必须与接口中声明的方法保持一致，如返回类型、参数列表。

（2）继承接口的类必须实现接口中声明的所有方法。

（3）接口是不能被实例化的，接口中声明的所有抽象方法都必须由派生类实现。

10.4.3　实现应用程序

对于【课堂案例 10-3】，执行以下步骤：

（1）打开 VS 2015 集成开发环境，在之前已经创建的 chap10 子文件夹下新建名为 example 10_3 的控制台应用程序。

（2）在控制台应用程序中书写如下代码：

【程序代码】Program.cs

```
1  using System;
2  using System.Collections.Generic;
3  using System.Text;
4  namespace example10_3
5  {
6      interface IShape
7      {
8          double calculateArea();
9      }
10     class Circle:IShape
11     {
12         private double radius;
13         private double PI=3.14;
14         public Circle(double radius)
15         {
16             this.radius=radius;
17         }
18         public double calculateArea()
19         {
20             return PI*radius*radius;
21         }
22     }
23     class Rectangle:IShape
24     {
25         private double width;
26         private double height;
27         public Rectangle(double width,double height)
28         {
29             this.width=width;
30             this.height=height;
31         }
32         public double calculateArea()
33         {
34             return width*height;
35         }
```

```
36            }
37        class Program
38        {
39            static void Main(string[] args)
40            {
41                double area;
42                IShape objShape=new Circle(5.0);
43                area=objShape.calculateArea();
44                Console.WriteLine("the area of circle is : {0}",area);
45                objShape=new Rectangle(4.0,5.0);
46                area=objShape.calculateArea();
47                Console.WriteLine("the area of rectangle is : {0}",area);
48            }
49        }
50    }
```

【程序说明】

① 第6～9行：定义接口 IShape。

② 第10～22行：定义类 Circle，并负责实现接口 IShape。

③ 第23～36行：定义类 Rectangle，并负责实现接口 IShape。

④ 第42、43行：创建接口对象 objShape，使用 Circle 类实例化对象。调用 Circle 类的 calculateArea()方法，实现对圆形面积的求解。

⑤ 第45、46行：创建接口对象 objShape，使用 Rectangle 类实例化对象。调用 Rectangle 类的 calculateArea()方法，实现对矩形面积的求解。

（3）在.NET 开发环境中，按【Ctrl+F5】组合键执行应用程序。

【课堂案例 10-3】的运行结果与【课堂案例 10-2】一致，如图 10-2 所示。

课堂实践 10-3

在超市管理系统中需要管理账户业务。使用接口完成下面的应用程序，允许在管理系统的各个账户之间（客户账号和供货商账号）进行转账业务。账号的接口定义如下：

```
public interface Iaccount             //定义
{
    void PayIn(decimal amount);        //存钱
    bool Withdraw(decimal amount);     //取钱
    decimal Balance                    //余额
    {
        get;
    }
}
```

10.5　密封类和密封方法

10.5.1　密封类

密封类可以用来限制扩展性。当在程序中密封了某个类时，其他类不能从该密封类继承。使用密封类可以防止对类型进行自定义。密封类的定义是通过 sealed 关键字实现的。例如，下的代码定义了一个密封类。

```
public sealed class D
{
    // Class members here.
}
```

由于密封类的不可继承性，因此，它也不能是抽象类。密封类的主要作用是防止派生。密封类的这种特性使其从不用作基类，因此，对密封类成员的调用速度较快。

10.5.2　密封方法

我们已经知道，使用密封类可以防止对类的继承。C#还提出了密封方法（sealed method），密封方法可以阻止在派生类中对该方法进行重载。在C#中，使用 sealed 修饰符定义密封方法。

不是类的每个成员方法都可以作为密封方法，密封方法必须对基类的虚方法进行重载，提供具体的实现方法。所以，在方法的声明中，sealed 修饰符总是和 override 修饰符同时使用。

下面的代码解释了密封方法的使用。

```
using System;
using System.Collections.Generic;
using System.Text;

namespace prj7_6
{
    class Class1
    {
        public Class1()
        {
            Console.WriteLine("创建 Class1 类型变量！");
        }
        //创建一个 virtual 方法
        public virtual void MyMethod()
        {
            Console.WriteLine("这是一个方法！");
        }
    }

    class Class2:Class1
    {
        public Class2()
        {
            Console.WriteLine("创建 Class2 类型变量！");
        }
        //对基类的虚方法进行重载
        public sealed override void MyMethod()
        {
            Console.WriteLine("这是一个密封方法！");
        }
    }

    class Program
```

```
    {
        static void Main(string[] args)
        {
            Class2 obj=new Class2();
            obj.MyMethod();
        }
    }
}
```

程序运行结果如下：

创建 Class1 类型变量！

创建 Class2 类型变量！

这是一个密封方法！

从上述程序可看出，派生类中密封方法 MyMethod()必须进行虚方法重载。

思考与练习

一、填空题

1. 在 C#中，要在派生类中重新定义基类的虚方法，必须在前面加_____关键字。

2. 在 C#中，使用_____关键字修饰抽象类或抽象成员。

3. 在定义接口时，_____可以作为接口成员。

二、选择题

1. 在定义基类时，如果希望基类的某个方法能够在派生类中进一步改进，以处理不同的派生类的需要，则应将该方法声明成（　　　）方法。

    A．sealed　　　　　　　　B．public　　　　　　C．visual　　　　　　D．override

2. 以下描述错误的是（　　　）。

    A．类不可以多重继承，而接口可以　　　　　B．抽象类自身可以定义成员，而接口不可以

    C．抽象类和接口都不能被实例化　　　　　　D．一个类可以有多个基类和多个基接口

3. 接口是一种引用类型，在接口中可以声明（　　　），但不可以声明公有的域或私有的成员变量。

    A．方法、属性、索引器和事件　　　　　　　B．方法、属性信息、属性

    C．索引器和字段　　　　　　　　　　　　　D．事件和字段

4. 下面是几条定义类的语句，只能被继承的类是（　　　）。

    A．public class student　　　　　　　　　　B．class student

    C．abstract class student　　　　　　　　　D．private class student

5. 下面四个接口声明中，正确的是（　　　）。

    A．interface X:Y {public void F();}　　　　B．public interface X {void F();}

    C．interface X {string s;}　　　　　　　　D．interface X:X {void F();}

6. 以下叙述正确的是（　　　）。

    A．接口中可以有虚方法　　　　　　　　　　B．一个类可以实现多个接口

    C．接口不能被实例化　　　　　　　　　　　D．接口中可以包含已实现的方法

7. 类 class1、class2、class3 的定义如下：

```
abstract class class1
{
    abstract public void test();
}
class class2:class1
{
    public override void test()
    {
        Console.write("class2");
    }
}
class class3:class2
{
    public override void test()
    {
        Console.write("class3");
    }
}
```

则下列语句的输出结果是（   ）。

```
class1 x=new class3();x.test();
```

A．class3 class2   B．class3   C．class2 class3   D．class2

三、简答题

1. 为什么要使用虚基类？如何定义虚基类？

2. 什么是抽象类？它用什么关键字修饰？什么是抽象方法？抽象类和抽象方法的关系是什么？

3. 什么是接口？接口和抽象类有什么区别？

第11章

委托与事件

委托是一种数据类型，而事件是类的方法成员，委托与事件相互关联。

本章详细介绍了委托（delegate）与事件（event），为实际应用中能更加灵活地使用C#提供的技术进行程序设计奠定基础。学习本章后要达到如下3个学习目标：

学习目标	☑ 了解委托的类型。 ☑ 掌握委托的声明和使用。 ☑ 掌握事件的定义和引发。

11.1 委 托

【课堂案例11-1】阅读下面的程序，了解委托的使用并预测程序的输出结果。

```
1  namespace example11_1
2  {
3      public delegate void GreetingDelegate(string name);
4      class Test
5      {
6          public void EnglishGreeting(string name)
7          {
8              Console.WriteLine("Morning,"+name);
9          }
10         public void ChineseGreeting(string name)
11         {
12             Console.WriteLine("早上好,"+name);
13         }
14     }
15     class Program
16     {
17         static void Main(string[] args)
18         {
19             Test test=new Test();
20
21             GreetingDelegate delegate1=new GreetingDelegate(test.
22             EnglishGreeting);
23
24             GreetingDelegate delegate2=new GreetingDelegate(test.
```

```
25              ChineseGreeting);
26          delegate1("XiaoMing");
27          delegate2("小明");
28      }
29  }
30  }
```

【案例学习目标】

● 了解委托的声明。

● 了解委托的使用。

【案例知识要点】声明委托和使用委托。

【案例完成步骤】

（1）初步认识委托。

（2）预测程序的输出结果。

11.1.1　初步认识委托

委托又称"代表""指代"。委托是一种特殊的数据类型，派生于 System.Delegate 类。委托对象主要用于保存方法的引用。

假定有某方法保存在内存中，保存方法的内存区域称为代码区。程序执行到该方法就有一个指令指针指向该方法的起始位置，指令指针指向哪一条语句，系统当前就执行哪一条语句。执行过程如图 11-1 所示。

代码区指令指针指向 Main()方法，程序从"程序执行起点"开始执行，当执行到 Method()方法时，程序跳转至 Method()方法的方法体内执行，执行方法体后转回至调用处，直到执行至"程序执行终点"。Method()方法有一个执行的起点，在内存的某地址处。Method()方法的方法名隐含该方法在内存代码区的存储位置（地址或称为引用）。调用 Method()方法，指令指针就转移到了 Method()方法的起点位置。

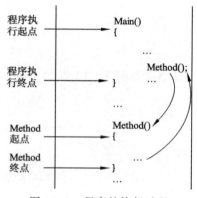

图 11-1　程序的执行过程

在面向对象程序设计中，有时我们并不想直接调用一个方法，而是希望能够将它作为参数传递给其他方法，即不直接使用方法名来调用方法体。在 C#中，采用委托就能实现该功能。一旦为委托分配了方法，委托将与该方法具有完全相同的行为。委托方法的使用可以像其他任何方法一样，具有参数和返回值。

1. 声明委托

在 C#中要使用一个类，通常分两个阶段：首先定义这个类，然后实例化该类的一个对象。使用委托也同样如此，先定义委托，定义的目的就是告诉编译器这种类型的委托代表了哪种类型的方法，然后再创建该委托的一个或多个实例。委托的定义格式如下：

[访问修饰符] delegate <返回类型> <委托名>([形式列表参数]);

其中：

（1）返回类型：是指委托所指向方法的返回值的类型。委托的返回类型必须与委托所指向的方法的返回类型一致，才能成功使用该委托。

（2）形式列表参数：用于指出委托所指向方法的参数列表，这个列表必须与委托所指向方法的参数列表中的参数个数及其参数类型一致，包括形参的顺序、个数和类型。

例如：

```
public delegate void MyDelegate(int a);    //声明委托
```

在【课堂案例 11-1】给出的代码段中，第 3 行声明了一个名为 GreetingDelegate 的委托。根据委托的意义，我们知道该类型的委托只能指向那些和声明委托中具有相同参数列表及返回值类型的方法。

> **说明：**
>
> （1）由于委托类型定义是定义一种新的类型，所以可以写在类的外部，也可以写在类的内部。若在类的内部定义，则类型为"类名.委托员"。
>
> （2）指定的访问修饰符对定义的委托对象有限制作用，应与委托对象的访问权限一致或高于委托对象的访问权限，在类的外部定义只能是 public 或 internal，当不写时，默认为 internal。

2. 使用委托

使用委托的目的是通过委托对象来保存方法的引用，使得可以不必显式地给出方法名就能调用并执行方法体中的程序段。委托的使用可以分成如下几步实现：

（1）声明一个 delegate 对象，它与要传递的方法具有相同的参数类型和返回值类型。

（2）创建 delegate 对象，并将要传递的函数作为参数传入。

创建 delegate 对象的格式如下：

```
[<访问修饰符>]  <委托类型>  <委托对象名>=new <委托类型>(<匹配的方法名>);
```

通过分析【课堂案例 11-1】的代码段可知，程序的第 21～25 行分别创建了名为 delegate1 和 delegate2 的 delegate 类型对象。其中，delegate1 指向 test 对象的 EnglishGreeting 方法成员，delegate2 则指向 ChineseGreeting 方法成员。

```
GreetingDelegate delegate1=new GreetingDelegate(test.EnglishGreeting);
//定义 delegate1 对象
GreetingDelegate delegate2=new GreetingDelegate(test.ChineseGreeting);
//定义 delegate2 对象
```

> **说明：**
>
> （1）创建委托对象时，访问修饰符受委托类型的限制，应与委托类型访问权限一致或低于委托类型的访问权限。
>
> （2）委托对象的定义可以放在类的内部，作为类的数据成员，也可以在方法内定义，作为方法的局部变量。
>
> （3）委托对象的定义与其他引用类型对象定义的格式基本相同。
>
> （4）参数可以是某一方法名，也可以是另一个同类型委托对象，封装方法只写方法名。

11.1.2　预测程序的输出结果

根据对【课堂案例 11-1】的分析，程序的输出结果为：

```
Morning,XiaoMing
```
早上好，小明

课堂实践 11-1

预测下面程序的输出结果。

```
using System;
delegate int MyDelegate(String x);              //定义一个代理
public class MyClass                            //定义一个类
{
    public static int StaticMethod(String x)    //静态方法
    {
        Console.WriteLine("类的静态方法: {0}",x);
        return  0;
    }
    public int InstanceMethod(string x)         //实例方法
    {
        Console.WriteLine("类的实例方法: {0}",x);
        return  0;
    }
}
public class App
{
    public static void Main()
    {
        MyClass c=new MyClass ();                    //创建一个类 MyClass 的对象
        MyDelegate d1=new MyDelegate (c.InstanceMethod);
        //创建代理对象 d1,调用实例方法
        MyDelegate d2=new MyDelegate (MyClass.StaticMethod);
        //创建代理对象 d2,调用静态方法
        d1("this is a dog");
        d2("this is a cat");
    }
}
```

11.2　多路广播委托

【课堂案例 11-2】阅读下面的程序，识别委托的类型并预测程序的输出结果。

```
1 namespace example11_2
2 {
3    //定义委托, 它定义了可以代表的方法的类型
4    public delegate void GreetingDelegate(string name);
5    class Test
6    {
7       public  void EnglishGreeting(string name)
8       {
9           Console.WriteLine("Morning, "+name);
10      }
11         public  void ChineseGreeting(string name)
```

```
12              {
13                  Console.WriteLine("早上好, "+name);
14              }
15          }
16      class Program
17      {
18          static void Main(string[] args)
19          {
20              Test test=new Test();
21              GreetingDelegate delegate1=new GreetingDelegate(test.English
22              Greeting);
23              delegate1+=test.ChineseGreeting;
24              delegate1("XiaoMing");
25              Console.WriteLine();
26              delegate1-=test.EnglishGreeting;
27              delegate1("小明");
28          }
29      }
30  }
```

【案例学习目标】了解多路广播委托的特点。

【案例知识要点】多路广播委托。

【案例完成步骤】

（1）初步认识多路广播委托。

（2）预测程序的输出结果。

11.2.1　初步认识多路广播委托

委托可以分为单路广播委托和多路广播委托。

单路广播委托来自于 System.Delegate 类，它一次仅包含一个方法的引用。【课堂案例 11-1】使用的就是单路广播委托。单路广播委托调用委托的次数与调用方法的次数相同。如果要调用多个方法，就需要多次显式调用这个委托。

多路广播委托来自于 MulticastDelegate 类。它包含多个方法的调用列表。在多路广播委托中，可以创建一个单路广播委托，然后调用多个封装的方法。

下面以咖啡售货机的例子来说明多路广播委托：要调制咖啡，可以先添加热水，然后加咖啡粉；也可以添热水的同时加咖啡粉；还可以同时加热水和咖啡。多路广播委托的实现过程与后一个调制咖啡的过程很类似。

多路广播委托保持对多个方法的使用，所以，当调用一个多路广播委托时，它将执行调用序列中的所有方法。

在 C#中，使用 "+=" 可以组合两个委托实例，通过 "-=" 可以从一个多路广播委托中删除一个委托实例。

以【课堂案例 11-2】为例，在程序段中使用了多路广播委托的方式分别调用 EnglishGreeting 和 ChineseGreeting 方法。

对于【课堂案例 11-2】，分析如下：

① 第 21 行：创建委托对象 delegate1，使其保存方法 EnglishGreeting 的指向。

② 第 23 行：使用 "+=" 运算符，将已经指向的 EnglishGreeting 方法的委托实例 delegate1

也作为指向"+="符号后的 ChineseGreeting 方法的委托实例。此时，委托实例 delegate1 实际上保存了 EnglishGreeting 和 ChineseGreeting 两个方法的指向。

③ 第 24 行：使用委托对象 delegate1 来调用方法。该语句的执行效果相当于将字符串"XiaoMing"作为方法的形式参数，并顺序地执行 EnglishGreeting 和 ChineseGreeting 方法。

④ 第 26 行：使用"-="运算符，删除委托对象 delegate1 中保存的 EnglishGreeting 方法的指向。执行该语句后，delegate1 仅保存了 ChineseGreeting 方法的指向。

⑤ 第 27 行：通过 delegate1 对象调用方法。由于第 26 行语句已经删除了 delegate1 委托对象对 EnglishGreeting 方法的指向。此处，该语句的执行效果相当于将字符串"小明"作为方法的形式参数，调用执行 ChineseGreeting 方法。

> 说明：多路广播委托中，多个方法的执行顺序与方法间的前后组合顺序一致。

11.2.2 预测程序的输出结果

根据对【课堂案例 11-2】的分析，程序的输出结果为：

```
Morning, XiaoMing
早上好，XiaoMing
早上好，小明
```

课堂实践 11-2

预测下面程序的输出结果。

```csharp
using System;
using System.Collections.Generic;
using System.Text;
namespace MultiDelegateApp
{
    class Program
    {
        public delegate void MessageHandler(string message);
        static void Main(string[] args)
        {
            MessageHandler messageHandler=new MessageHandler(GetMessage);
            messageHandler+=new MessageHandler(GetMessage2);
            messageHandler("测试信息！");
            Console.Read();
        }
        static void GetMessage(string message)
        {
            Console.WriteLine(message);
        }
        static void GetMessage2(string message)
        {
            Console.WriteLine(message+"：同时调用的方法。");
        }
    }
}
```

11.3　事　　件

【课堂案例 11-3】阅读下面的程序，识别所用的事件并预测程序的输出结果。

```
1 namespace example11_3
2 {
3     class MailMagEventArgs:EventArgs
4     {
5         public string from;
6         public string to;
7         public string subject;
8         public string body;
9         public MailMagEventArgs(string from,string to,string subject,
10        string body)
11        {
12            this.from=from;
13            this.to=to;
14            this.subject=subject;
15            this.body=body;
16        }
17    }
18    class MailManager
19    {
20        public delegate void MailMagEventHandler(object sender,
21        MailMagEventArgs args);
22        public event MailMagEventHandler MailMag;
23        public virtual void onMailMag(MailMagEventArgs e)
24        {
25            if (MailMag!=null)
26            {
27                MailMag(this,e);
28            }
29        }
30    }
31    class Fax
32    {
33        public string FaxId;
34        public Fax(MailManager mm)
35        {
36            mm.MailMag+=new MailManager.MailMagEventHandler(FaxMag);
37        }
38        private void FaxMag(Object sender, MailMagEventArgs e)
39        {
40            Console.WriteLine("Faxing mail message: "+FaxId);
41            Console.WriteLine("From:{0}",e.from);
42            Console.WriteLine("To:{0}",e.to);
43            Console.WriteLine("Subject:{0}",e.subject);
44            Console.WriteLine("body:{0}",e.body);
45        }
46    }
```

```
47      class Program
48      {
49          static void Main(string[] args)
50          {
51              MailManager mm=new MailManager();
52              Fax obj=new Fax(mm);
53              obj.FaxId="hunan railway college";
54              MailMagEventArgs e=new MailMagEventArgs("张华","李天",
55              "代理与事件的应用","代理是时间处理机制的基础");
56              mm.onMailMag(e);
57          }
58      }
59  }
```

【案例学习目标】了解事件的声明和使用。

【案例知识要点】事件。

【案例完成步骤】

（1）初步认识事件。

（2）定义事件。

（3）引发事件。

（4）预测程序的输出结果。

11.3.1　初步认识事件

事件是对象发送的消息，以发信号通知操作的发生。操作可能是由用户交互引起的（如鼠标单击），也可能是由某些其他的程序逻辑触发的。引发事件的对象称为事件发送方。捕获事件并对其做出响应的对象称为事件接收方。

在 C#中，事件与委托一起使用来实现事件处理。在实现事件时，需要三个相互联系的元素：提供事件数据的类，事件委托和引发事件的类。.NET 框架对与事件相关的类和方法的命名进行了约定：事件参数类的类名为×××EventArgs，事件委托名为×××EventHandler，引发事件类的方法名为 On×××。

例如，想引发一个名为 EventName 的事件，需要执行以下步骤：

（1）定义事件参数类 EventNameEventArgs，此类应当从 System.EventArgs 类派生。如果事件不带参数，这一步可以省略。

（2）定义事件委托，C#中的事件处理实际上是一种具有特殊签名的 delegate，为事件定义委托的语法如下：

```
delegate void EventNameEventHandler(object sender,EventNameEventArgs e);
```

其中有两个参数，sender 代表事件发送者，e 是事件参数类。EventNameEventArgs 类用来包含与事件相关的数据。

（3）定义引发事件的类。该类必须提供：

① 事件声明：public event EventNameEventHandler EventName。

② 引发事件的方法：名字为 OnEventName。

（4）定义事件类，在该类中使用"+="运算符和"-="运算符将一个或多个方法与基类的事件关联并定义将与事件关联的方法。

对【课堂案例 11-3】分析可知，类 MailMagEventArgs 是事件参数类，继承自 System.EventArgs 类。该类定义了传真机处理事件所需要的参数，如邮件主题、正文、写信人以及收信人等。类 MailManager 是事件类，该类中给出事件 MailMag 的声明，并且定义了 MailMag 事件的触发器 onMailMag。程序运行期间，当收到一个 E-mail 消息时，可以在引发事件类中调用事件类的触发器 onMailMag 来执行 MailMag 事件的处理操作。

11.3.2　定义事件

事件的定义格式如下所示：

[<访问修饰符>] event <委托类型> <事件名>=new <委托类型>(<匹配的方法名>)

说明：

（1）事件是类的成员方法，在类的内部定义，不能在方法内作为变量定义。

（2）可以用 "+=" "-=" 等运算符进行多重事件的设置与删除，由于 "=" 运算符只能在定义事件的类内部运用，所以，通常在创建事件对象中建议使用 "+=" 运算符。

（3）事件只能在定义事件的类中引发。

（4）访问修饰符应与委托类型的访问权限一致或低于委托类型的访问权限。

在【课堂案例 11-3】中，第 20～22 行一起定义了事件 MailMag。其中，第 20、21 行先声明了委托类型 MailMagEventHandler，然后在第 22 行使用 event 关键字声明 MailMag 事件。

示例：

```
//声明事件 MailMag
public event MailMagEventHandler MailMag;
//定义 MailMagExam 事件，该事件指向 show 方法
public event MailMagEventHandler MailMagExam=new MailMagEventHandler(show);
```

事件的定义，是指需要为该事件指定的要保存的方法的指向。【课堂案例 11-3】的第 22 行只是声明了事件 MailMag 的委托类型，还需要为该事件进一步指定其指向的方法。第 36 行代码就为事件类的 mm 实例对象指定了其事件的指向 FaxMag 方法。代码如下：

```
mm.MailMag+=new MailManager.MailMagEventHandler(FaxMag);
```

（1）+=：使用 "+=" 运算符定义 mm 对象的 MailMag 事件。注意，"=" 运算符只适用于在事件类的内部定义事件时使用。

（2）FaxMag：mm 对象的 MailMag 事件指向的方法。

11.3.3　引发事件

事件定义完成后，接下来就需要指定一个方法作为触发器来触发事件的发生。在类外部引发事件时，不是直接通过事件名而是根据触发器名来引发事件。触发器的定义格式如下所示：

```
触发器
{
    <事件名>(<参数表>);
}
```

说明：

（1）事件是类的成员方法，事件的引发需要有一个触发器，不能如委托一样在其他类的方法中执行方法，可以像委托一样在其他类的方法中封装方法，所以，要在同一个类中定义事件、设置触发器。

（2）触发器可以是类中的任意一个方法。通常将方法设为公有，以便在其他类方法中引发事件。

（3）事件的参数表必须与委托定义的格式相同。

在【课堂案例 11-3】中，第 23～29 行定义了名为 onMailMag 的触发器，该触发器需要一个 MailMagEventArgs 类型的对象作为参数。onMailMag 触发器的功能是当对象的 MailMag 事件不为空时，就执行 MailMag 事件所指向的方法，即 Fax 类的成员方法 FaxMag()。

当事件以及触发器的定义都完成时，在整个事件处理程序中只剩下在适当的地方引发事件来执行处理程序了。在【课堂案例 11-3】中，引发事件 MailMag 的代码位于主程序的第 56 行。代码如下：

```
mm.onMailMag(e);    //通过触发器，引发事件 MailMag
```

通过分析第 56 行的代码可以得知，当程序执行到该行时，计算机将跳转到 MailManager 类的 onMailMag 触发器执行。而触发器中，没有其他的功能代码，仅继续执行事件 MailMag 指向的方法，由此引发 MailMag 事件。

11.3.4　预测程序的输出结果

【课堂案例 11-3】的输出结果为：

```
Faxing mail message: hunan railway college
From: 张华
To: 李天
Subject: 代理与事件的应用
Body: 代理是时间处理机制的基础
```

课堂实践 11-3

预测下面程序的输出结果。

```csharp
using System;
class CInput
{
    public delegate void UserRequest(object objSender,EventArgs e);
    public event UserRequest OnUserRequest;
    public void Run()
    {
        bool bFinish=false;
        string str;
        do
        {
            Console.WriteLine("please input string:");
            str=Console.ReadLine();
            if("h"==str)
            {
                OnUserRequest(this,new EventArgs());
            }
            else if("exit"==str)
            {
                bFinish=true;
```

```
            }
        } while (!bFinish);
    }
}
class CUser
{
    public static void Main()
    {
        CInput objInput=new CInput();
        CUser objUser=new CUser(objInput);
        objInput.Run();
    }
    CUser(CInput objInput)
    {
        objInput.OnUserRequest+=new CInput.UserRequest(ShowMessage);
    }
    private void ShowMessage(object objSender,EventArgs e)
    {
        Console.WriteLine("HaHa~~~");
    }
}
```

思考与练习

一、填空题

1. 在 C#中，委托的类型有_____、_____两种。
2. 事件的预订可以通过_____来实现。
3. 声明委托的关键字是_____。
4. 在 C#中，通过_____的定义，可以实现对事件的引发。
5. 在 C#中，使用_____可以组合两个委托实例，通过_____可以从一个多路广播委托中删除一个委托实例。

二、选择题

1. 声明一个委托"public delegate int myCallBack(int x);"则用该委托产生的回调方法的原型应该是（   ）。

   A. void myCallBack(int x);　　　　　　B. int receive(int num);

   C. string receive(int x);　　　　　　　D. 不确定

2. 下面有关事件的描述中，正确的是（   ）。

   A. 方法一旦被事件预订后，就不能被撤销

   B. 事件的预订一次只能预订一个方法

   C. 创建事件的关键字是 delagate

   D. 当事件预订了多个方法时，一次只能有一个方法被调用

3. 多路广播委托来自（   ）类。

   A. MulticastDelegate　　B. Delegate　　　　C. Event　　　　D. Exception

4. 在实现事件时，需要（　　　）元素之间相互联系。

    A. 提供事件数据类，事件委托和引发事件的类

    B. 触发器，事件处理类

    C. 事件委托，触发器

    D. 提供事件数据类，触发器

5. 下列能正确定义委托类型 My Delegate 的语句是（　　　）。

    A. public delegate void Mydelegate()   B. public evet void Mydelegate()

    C. interface Mydelegate   D. public abstract class Mydelegate

三、简答题

1. 事件与委托的关系是什么？

2. 事件与普通方法的相同点与不同点有哪些？

第 12 章

异常处理

异常处理是程序员处理程序运行错误的一种手段。

本章详细介绍了异常、程序运行期间对异常的处理机制、异常类和自定义的异常类。学习本章后要达到如下 2 个学习目标：

学习目标	☑ 掌握异常的定义和处理。
	☑ 熟悉自定义异常的定义。

12.1 异　　常

【课堂案例 12-1】执行下面的程序将出现异常，如图 12-1 所示，用异常处理机制修改程序。

```
using System;
using System.Collections.Generic;
using System.Text;
namespace prj9_1
{
    class ArrayOutOfIndex
    {
        public void calculateSum()
        {
            int sum=0;
            int count;
            int[] number=new int[5]{1,2,3,4,5};
            for(count=1;count<=5;count++)
                sum+=number[count];
            Console.WriteLine("The sum of the array is:{0}",sum);
        }
    }
    class Program
    {
        static void Main(string[] args)
        {
            ArrayOutOfIndex obj=new ArrayOutOfIndex();
            obj.calculateSum();
        }
    }
}
```

图 12-1 【课堂案例 12-1】运行时出现的异常

【案例学习目标】

- 掌握异常的概念。
- 掌握异常的处理机制。

【案例知识要点】异常的概念与处理机制。

【案例完成步骤】

（1）初步认识异常。

（2）使用异常的处理机制。

（3）修改应用程序。

12.1.1 初步认识异常

下面通过一段简单代码来认识异常。

```
class Program
{
    static void Main(string[] args)
    {
        int a,b,c;
        a=2;
        b=0;
        c=a/b;
    }
}
```

按【Ctrl+F5】组合键执行上述程序时，会弹出一个对话框，提示应用程序在执行过程中遇到一个问题，单击关闭按钮，出现图 12-2 所示的窗口。

图 12-2 出现异常情况

出现上述情况是程序遇到了异常，产生的异常类为 System.DivideByZeroException，出现异常的原因是因为除数为 0。

异常是程序在执行期间发生的错误情况。当程序发生异常时，系统就会抛出一个错误。

异常类是对异常的分类。它们都是由 System. Exception 类派生出来的,异常类的层次结构如图 12-3 所示。

System.ApplicationException 和 System.SystemException 是 System.Exception 的直接子类,System.ApplicationException 类 是用户类型异常,如果用户想在程序中定义自己的异常, 将要定义从该异常类继承的异常。System.System Exception 是所有预定义系统异常的基类。一些派生自 System.SystemException 类的常用基类如表 12-1 所示。

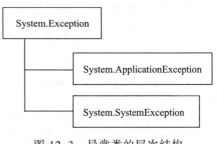

图 12-3 异常类的层次结构

表 12-1 派生自 System.SystemException 类的常用基类

类	说 明
System.IO.IOException	发生 I/O 错误时引发的异常
System.IndexOutOfRangeException	试图访问索引超出数组界限的数组元素时引发的异常,无法继承此类
System.NullReferenceException	尝试取消引用空对象引用时引发的异常
System.OutOfMemoryException	没有足够的内存继续执行程序时引发的异常

通过对【课堂案例 12-1】分析,程序出现了异常类型为 System.IndexOutOfRangeException 的索引超出了数组界限的异常。

程序错误的分类

根据错误出现的阶段,通常可以将程序错误分为如下三种:编译时错误、结果错误和运行 时错误。

(1)编译时错误:这种错误是发生在程序编写过程中,是指程序语法编写上出现的错误。对于 这种类型的错误,不需要等到程序运行,在编译阶段就不会通过,必须进行修改。例如,语句 "Console.WriteLine("请分别输入期末成绩、项目成绩以及平时成绩");;" 多了一个分号,很显然, 这种错误不需要等到程序运行,编译时就会报告该错误。.NET 对这类语法错误提供了完善的纠错 功能。例如,有时候当我们输入了错误格式的语句时,在错误语句处会出现醒目的波浪线标注。

(2)结果错误:结果错误指的是程序本身没有语法上的错误(即无编译错误),在程序运行 期间也没有出现类似图 12-1 和图 12-2 的错误提示。但程序执行后得到的结果却并不正确。这 就是由于程序设计思路上存在的缺陷,是程序算法在实现功能时出现的逻辑上的问题。换言之, 就是本身对问题的求解方法出现了错误。

要查找和纠正编译时错误和结果错误,需要对程序进行仔细分析,在细节上对错误进行修 改才能解决。

(3)运行时错误:是指编译已经通过,运行时发生的错误。运行时错误是由于与用户交互 或对外设或网络的访问等可变情况,程序设计时考虑欠周全而导致的。

12.1.2 异常的处理机制

当程序中出现异常的时候,为了保证程序能正常结束,需要处理异常的机制,在 C#中是通 过 try、catch 和 finally 块来实现的。

1. try 程序块

用户需要将可能导致异常的语句放入 try 程序块中。try 程序块的使用方法如下：

```
try
{
    ...//可能导致异常的语句
}
```

try 程序块管理放入其中的语句，并定义相关的异常处理程序的范围。换句话说，如果异常发生在 try 程序块内，与 try 程序块相关的异常处理程序将处理该异常。try 程序块必须紧跟至少一个 catch 程序块。

2. catch 程序块

通过在 try 程序块后紧跟一个或多个 catch 处理程序可以将异常处理程序和 try 程序块关联起来。下列代码框架说明了 catch 程序块的使用。

```
try
{
    ...//可能导致异常的语句
}
catch(...)
{
    ...//异常处理代码
}
```

catch 语句将异常类的对象作为参数。如果异常发生了，就执行 catch 程序块中的语句。catch 程序块的处理范围仅限于先前 try 程序块中的相关语句。

3. finally 程序块

finally 用于执行不论异常是否被抛出都会被执行的一个语句块。例如，在实现文件操作的过程中不管有没有异常，文件必须被关闭，文件被关闭的操作可放置在 finally 块中。

```
try
{
    ...//可能导致异常的语句
}
catch()
{
    ...//异常处理代码
}
finally
{
    ...//最后的执行代码
}
```

finally 程序块跟在 catch 程序块后面。对于一个异常处理程序，只能有一个 finally 程序块。但是，并不是一定要使用 finally 程序块。

对于【课堂案例 12-1】，要处理程序运行过程中出现的 System.OutOfMemoryException 异常，需要使用 try...catch 程序块。处理代码如下：

```
try  //捕获异常
{
    for (count=1;count<=5;count++)
    sum+=number[count];
```

```
        Console.WriteLine("The sum of the array is:{0}",sum);
    }
    catch(IndexOutOfRangeException e)
    {
        Console.WriteLine(e.Message);
    }
```

说明：

（1）在 try…catch 结构中，catch 语句块可以有多个，读者可以根据情况而定，但至少要有一个 catch 语句块。

（2）catch 语句，按异常类型从深层派生异常类型到异常基类型（从特殊到一般）的顺序排列。若颠倒顺序，则参数为异常基类类型的 catch 语句将截获所有 try 语句抛出的异常对象。

（3）在 C#中处理异常时，当不能明确系统异常时，可以直接使用 System.Exception 类。

12.1.3　修改应用程序

对【课堂案例 12-1】的错误程序进行异常处理后的完整代码如下：

【程序代码】Program.cs

```
1 using System;
2 using System.Collections.Generic;
3 using System.Text;
4 Namespace prj9_1
5 {
6     class ArrayOutOfIndex
7     {
8         public void calculateSum()
9         {
10                int sum=0;
11                int count;
12                int[] number=new int[5]{1,2,3,4,5};
13                try  //捕获异常
14                {
15                    for(count=1;count<=5;count++)
16                    sum+=number[count];
17                    Console.WriteLine("The sum of the array is:{0}",sum);
18                }
19                catch(IndexOutOfRangeException e)
20                {
21                    Console.WriteLine(e.Message);
22                }
23         }
24     }
25     class Program
26     {
27         static void Main(string[] args)
28         {
29             ArrayOutOfIndex obj=new ArrayOutOfIndex();
30             obj.calculateSum();
31         }
```

```
32        }
33    }
```

【程序说明】

① 第 14～18 行：将可能会引发异常的语句放置到 try 语句块中。

② 第 19～22 行：定义了对 IndexOutOfRangeException 的处理操作，将引发 IndexOutOfRangeException 类的异常信息显示在控制台上。异常信息通过访问系统抛出的异常对象 e 的 Message 属性获取。

课堂实践 12-1

修改下面的程序，使程序能够正常结束。

```
using System;
class ExceptionExam
{
    public static void Main()
    {
        int[] nums1={22,23,24,25,26};
        int[] nums2={2,0,4,0};
        for(int i=0;i<nums1.Length;i++)
        {
            Console.WriteLine(nums1[i]/nums2);
        }
    }
}
```

12.2　自定义异常

【课堂案例 12-2】 阅读下面的程序，识别用到的异常并预测程序的输出结果。

```
1 using System;
2 namespace prj9_2
3 {
4     //定义用户自定义异常
5     public class CountIsZeroException:ApplicationException
6     {
7         public CountIsZeroException(string message) : base(message)
8         {
9         }
10    }
11    public class Calculate
12    {
13        int sum;
14        int count;
15        int average;
16        public int Sum
17        {
18            get
```

```
19              {
20                  return sum;
21              }
22          set
23              {
24                  sum=value;
25              }
26          }
27          public int Count
28          {
29              get
30              {
31                  return count;
32              }
33          set
34              {
35                  count=value;
36              }
37          }
38          public void doAverage()
39          {
40              if(0==count)
41                  throw (new CountIsZeroException ("除数是 0"));
42                  //throw 语句产生自定义异常
43              Else
44                  average=sum/count;
45          }
46      }
47      class Program
48      {
49          static void Main(string[] args)
50          {
51              Calculate obj=new Calculate();
52              try
53              {
54                  obj.Sum=10;
55                  obj.Count=0;
56                  obj.doAverage();
57              }
58              catch (CountIsZeroException e)
59              {
60                  Console.WriteLine("CountIsZeroException:{0}",e.Message);
61              }
62          }
63      }
64  }
```

【案例学习目标】掌握自定义异常的使用。

【案例知识要点】自定义异常。

【案例完成步骤】

（1）初次认识用户自定义异常。

（2）预测程序的输出结果。

12.2.1 初次认识用户自定义异常

1. 定义用户自定义异常

.NET 框架为程序人员提供了大量的预定义异常类，一些常见错误引发的异常都能被预定义的异常类捕捉。然后，在实际的程序设计过程中，编程人员可能需要根据程序运行的具体情况，人为地创建自己的异常类来处理某些特殊状况，这种类型的异常称为自定义异常。自定义异常类派生自 ApplicationException 类。

要创建用户自定义的异常，必须首先声明它，声明的格式为：

```
class 自定义异常名:ApplicationException { }
```

例如，声明一个自定义异常 MyException：

```
//自定义异常通常继承 ApplicationException 异常类
class MyException:ApplicationException
{
    public MyException(): base()
    {
    }
    public MyException(string e): base(e)
    {
    }
    public MyException(string e,Exception inner): base(e,inner)
    {
    }
}
```

2. 抛出异常

在完成自定义异常类定义的基础之上，我们需要进一步明确在程序运行到何处时，适时地抛出异常对象。在 C#中使用 throw 关键字实现抛出异常的处理机制，称为"自定义异常处理机制"。具体的使用格式如下：

```
throw [表达式];
```

例如，抛出上面定义的 MyException 异常：

```
throw (new CountIsZeroException("除数是"));        //使用 throw 抛出异常
```

3. 用户自定义异常的处理

用户自定义异常类定义完成后，用户可以在 catch 语句块中实现自定义异常的处理方法。

例如，对创建的 MyException 的处理方法如下：

```
catch(MyException)
{
    Console.WriteLine("This is My Exception");
}
```

对于【课堂案例 12-2】：

① 第 4~9 行：在程序中定义了用户自定义异常 CountIsZeroException。

② 第 41 行：使用 throw 语句抛出自定义异常。

③ 第 58～61 行：如果捕获了自定义异常，在 catch 语句中实现对异常的处理。

12.2.2　预测程序的输出结果

CountIsZeroException: 除数是 0

课堂实践 12-2

预测程序下面程序的输出结果。

```
using System;
class MainClass
{
    static void ProcessString(string s)
    {
        if(s==null)
        {
            throw new ArgumentNullException();
        }
    }
    static void Main()
    {
        try
        {
            string s=null;
            ProcessString(s);
        }
        catch(Exception e)
        {
            Console.WriteLine("{0} Exception caught.",e);
        }
    }
}
```

思考与练习

一、填空题

1. 在 try…catch 机制中，不管是否有异常或何种异常，若都需要执行某段程序时，可以将该程序段放在_____中。

2. 在 C#中，所有的异常类都可以看作是_____的派生类。

3. 根据程序错误出现的阶段，通常可以将错误分成_____、_____、_____三种。

4. 若程序员需要在执行到某条语句时，程序能主动地抛出异常，可以使用_____关键字。

5. 在程序运行过程中，若发生数据输入/输出操作错误，通常可以使用_____异常类进行异常处理。

二、选择题

1. 通过继承（　　）类，用户可以创建自己的异常类。

A. System.Exception   B. System.SystemException

C. System.ApplicationException   D. System.UserException

2. 在 C#中，在方法 MyFunc()内部的 try...catch 语句中，如果在 try 代码块中发生异常，并且在当前的所有 catch 块中都没有找到合适的 catch 块，则（   ）。

    A. .NET 运行时忽略该异常

    B. .NET 运行时马上强制退出该程序

    C. .NET 运行时继续在 MyFunc 的调用堆栈中查找提供该异常处理的过程

    D. .NET 抛出一个新的"异常处理未找到"的异常

3. 在 C#程序中，可使用 try...catch 机制来处理程序出现的（   ）错误。

    A. 语法   B. 运行   C. 逻辑   D. 拼写

三、简答题

1. 在 try-catch-finally 语句块中，每一个关键字所起的作用是什么？

2. 如何抛出自定义异常？

第13章

文件的输入和输出

本章主要介绍文件与流的概念，如何使用 StreamReader 和 StreamWriter 读/写文本文件，如何使用 FileStream、BinaryReader 和 BinaryWriter 类读/写二进制文件。学习本章后要达到如下 2 个学习目标：

学习目标	☑ 掌握文本文件的读/写。
	☑ 掌握二进制文件的读/写。

13.1 文 件 与 流

输入/输出操作功能是计算机程序的基本功能。在 C#中，如何通过程序方式实现将内存中的数据存储至磁盘文件或将磁盘文件中的数据读入内存中，这涉及文件和流两个方面的内容。

1. 文件与流的概念

文件是由一些具有永久存储及特定顺序的字节组成的一个有序的、具有名称的集合，是软件对数据进行读/写操作的基本对象。人们按树状目录形式组织文件。每个文件有文件名、所在路径、创建时间、访问权限等属性。

流也是对数据进行读/写操作的基本对象，但它比文件的应用更为广泛。流也提供了连续的字节流存储空间，但它的实际数据存储位置可以不连续，甚至可以分布在多个磁盘中。由于这些存储方式对用户来说是透明的，用户平时所看到的都是封装以后的数据结构，是连续的字节流抽象。流有多种类型，文件流就是其中的一种。

2. 文件操作涉及的相关类

（1）抽象类 Stream。所有表示流的类都是从 Stream 类继承的，Stream 是所有流的抽象基类。流是用于传输数据的对象，它有两个传输方向：

- 读：将数据从外部数据源传输到程序中，这是读取流。
- 写：将数据从程序传输到外部数据源，这是写入流。

（2）FileStream 类。FileStream 类继承于 Stream 类，它主要用于文件的输入和输出。

（3）StreamReader 类和 StreamWriter 类。

FileStream 适合于读取原始字节（二进制）数据，如果希望处理字符数据，那么 StreamReader 和 StreamWriter 等类更适合。这些类在后台使用一个 FileStream 对象，关闭 StreamReader 和 StreamWriter 也就关闭了底层的 FileStream。StreamReader 和 StreamWriter 类分别用于从文件读取字符顺序流和将字符顺序流写入文件中。

（4）BinaryReader 类和 BinaryWriter 类。这两个类提供了从字符串或原始数据到各种流之间的读/写操作，即用于二进制模式读/写文件。

（5）File 和 Directory 类。File 类用于实现对文件的基本操作，包括对文件的创建、复制、移动、删除和打开。Directory 类用于实现常见的各种目录操作，如对目录及其子目录的创建、移动、浏览。

13.2 读/写文本文件

【课堂案例 13-1】在学生成绩管理系统中，学生信息保存在一个名为 Student.txt 的文件中，一个学生的记录在文件中占一行。现要求实现对文件 Student.txt 的读/写操作。

（1）读取文件中所有学生的记录，并显示出来。

（2）将插入的学生记录追加到文件尾部。

【案例学习目标】

- 掌握对文本文件的读取操作。
- 掌握对文本文件的写操作。

【案例知识要点】StreamReader 和 StreamWriter 类的使用。

【案例完成步骤】

（1）读文本文件。

（2）写文本文件。

（3）实现应用程序。

13.2.1 读文本文件

在 C#中，常使用 StreamReader 类实现对文本文件的读取。在读取文本文件时，首先创建 StreamReader 对象，然后调用对象的相关方法读取文件的内容。

1. 创建 StreamReader 对象

StreamReader 类有很多构造函数，根据构造函数所带的参数列表不同，创建的对象也不同。这里采用带文件路径和编码方式参数的构造函数创建对象。构造函数的原型为：

```
public StreamReader (string path,Encoding encoding)
```

说明：

（1）.NET 将所有进行文件操作的类都包含在 System.IO 命名空间，因此，必须在源文件的开始添加 "using System.IO;" 代码。

（2）参数 path 表示需要读取的文件路径。对指定文件的读取路径有两种方法：①给出文件所在的绝对路径；②直接给出文件名，此时程序默认的读取路径是 "项目目录\bin\Debug" 目录。

（3）参数 encoding 表示编码方法参数。常用的编码方法有 UTF8、ANSI、ASCII 和 UNICODE。例如：

```
StreamReader sr=new StreamReader("Student.txt",Encoding.Default);
//为文本文件 Student.txt 创建文件读取器对象、编码方式 Encoding.Default（默认的编码
方式，即 ANSI 编码）
```

2. 使用 StreamReader 对象读文本文件

实例化 StreamReader 对象后，就可以通过该对象调用相应方法来实现文件的读取。下面介绍两种常用的读取文件的方法。

（1）ReadLine()方法：使用该方法读取文件，每次读取一行数据。并将数据以字符串形式返回给方法调用处。返回的字符串中不包括标记该行结束的回车换行符，当该方法执行完后，指针自动指向下一行数据的开始处。根据【课堂案例 13-1】的要求，在文本文件 Student.txt 中，一行数据即代表一个学生信息。因此，当读取某一学生的信息时，可以使用该方法将代表该学生的整行数据全部读取到字符串中。读取一行数据的代码如下：

```
string sLine;
sLine=sr.ReadLine();
```

调用 ReadLine()方法后，将文件当前行的数据赋值给字符串变量 sLine。并且，指针指向下一行的开始处。

（2）Read()方法：使用该方法读取文件，每次读取一个字符。

例如：

```
char nextChar=sr.Read();
```

执行 Read()方法，将读取当前流的下一个字符并返回给字符变量 nextChar。

根据对【课堂案例 13-1】的分析，我们使用 ReadLine()方法，每次读取文件的一行数据来实现读取操作。下述代码段给出了使用 StreamReader 类读取数据的实现过程。

```
using System;
using System.Text;
using System.Collections.Generic;
using System.IO;                        //引入文件操作类所在的命名空间
namespace example13_1
{
  class FileAccess13                    //文件读写类
  {
    public void FileRead()              //实现读文件的方法
    {
      StreamReader sr;                  //声明读取器对象
      try                               //对语句捕捉异常
      {
        sr=new StreamReader("Student.txt",Encoding.Default);  //实例化对象sr
        string sLine;
        do
        {
          sLine=sr.ReadLine();
          //读取当前行数据，返回给 sLine 变量，文件指针移到下一行开始处
          Console.WriteLine("{0}", sLine); //将 sLine 变量的值显示到控制台
        } while (sLine!=null);          //判断是否已到文件尾部
        sr.Close();                     //文件读取完毕，关闭读取器对象
      } Catch(System.Exception e) {     //异常处理
      Console.WriteLine("文件操作出错! "+e.Message); }
    }
  }
}
```

13.2.2 写文本文件

在 C#中，通常使用 StreamWriter 类实现对文本文件的写操作，该类的工作方式与 StreamReader 类似。

1. 创建 StreamWriter 对象

StreamWriter 类有很多构造函数，根据构造函数所带参数列表的不同，创建的对象也不同。这里采用带文件路径、追加方式和编码方式参数的构造函数创建对象。构造函数的原型为：

```
public StreamWriter (string path,bool append,Encoding encoding);
```

说明：

（1）在 StreamWriter 构造函数中，path 和 encoding 参数的使用方法与在 StreamReader 中的参数使用方法一样。

（2）append 参数表示文件是否以追加方式打开。若为"true"，向文件写入的数据会自动追加到文件的尾部；否则，需要在程序中指定数据写入的位置。

例如：

```
StreamWriter sw=new StreamWriter("Student.txt",true,Encoding.Default);
//为 Student.txt 文件创建写文本对象，打开方式为追加方式，编码方式为 ANSI
```

2. 使用 StreamWriter 对象写文本文件

实例化对象后，需要调用写文件方法。与 StreamReader 类对应，在 StreamWriter 类中也提供了多种写文件的方法，这里主要介绍两种常见的写方法。

（1）WriteLine()方法：该方法是最简单的方式之一，写入一个字符流后，将在后面自动加上一个回车换行符。

（2）Write()方法：使用该方法可以写入一个字符、一个字符数组，甚至写入字符数组的一部分。

例如：

① `char nextChar='a';`
    `sw.Write(nextChar);`   //写入单个字符

② `char[] charArray=new char[100];`
    `sw.Write(charArray);`   //写入一个字符数组

③ `int nCharsToWrite=50;`
    `int startAtLocation=25;`
    `char[] charArray=new char[100];`
    `sw.Write(charArray,startAtLocation,nCharsToWrite);`   //写入字符数组的一部分

根据【课堂案例 13-1】的需求，我们采用 WriteLine 实现将学生信息写入文件的要求。下述方法用于实现对文件的写入操作，并放至在之前定义的 FileAccess13 类中。

```
public void FileWrite()                         //实现写文件的方法
{
    StreamWriter sw;                            //声明读写器对象
    string sLine=" ";
    Console.WriteLine("请输入学生学号: ");        //在控制台提示输入的学生信息
    sLine=sLine+Console.ReadLine()+"  ";         //将输入的学号拼接到字符串变量sLine
    Console.WriteLine("请输入学生姓名: ");
    sLine=sLine+Console.ReadLine()+"  ";
```

```
        Console.WriteLine("出生年月");
        sLine=sLine+Console.ReadLine() + "  ";
        …
        try
        {
            sw=new StreamWriter("Student.txt",true,Encoding.Default);
                                            //实例化对象 sw
            sw.WriteLine(sLine);            //将 sLine 变量的值写入文件尾部
            sw.Close();                     //文件读完后，关闭读写器对象
        }
        catch (System.Exception e)          //异常处理
        {
            Console.WriteLine("文件读写错误! "+e.Message);
        }
    }
```

13.2.3　实现应用程序

对于【课堂案例 13-1】，执行以下步骤：

（1）在已经创建好的 CSharpSource 文件夹下再创建一个名为 chap13 的子文件夹。

（2）打开 VS 2015 集成开发环境，在之前已经创建的 chap13 子文件夹下新建名为 example 13-1 的控制台应用程序。

（3）在控制台应用程序中书写如下代码：

【程序代码】Program.cs

```
1  using System;
2  using System.Text;
3  using System.IO;
4  namespace example13_1
5  {
6      class FileAccess13
7      {
8          public void FileWrite()
9          {
10              StreamWriter sw;
11              string sLine="";
12              Console.WriteLine("请输入学生学号: ");
13              sLine=sLine+Console.ReadLine+"  ";
14              Console.WriteLine("请输入学生姓名");
15              sLine=sLine+Console.ReadLine()+"  ";
16              Console.WriteLine("出生年月");
17              sLine=sLine+Console.ReadLine()+"  ";
18              Console.WriteLine("性别");
19              sLine=sLine+Console.ReadLine()+"  ";
20              Console.WriteLine("入学时间");
21              sLine=sLine+Console.ReadLine()+"  ";
22              Console.WriteLine("所在班级");
23              sLine=sLine+Console.ReadLine()+"  ";
24              Console.WriteLine("家庭住址");
```

```
25          sLine=sLine+Console.ReadLine()+"  ";
26          Console.WriteLine("联系电话");
27          sLine=sLine+Console.ReadLine()+"  ";
28          Console.WriteLine("手机");
29          sLine=sLine+Console.ReadLine()+"  ";
30          Console.WriteLine("备注");
31          sLine=sLine+Console.ReadLine()+"  ";
32          try
33          {
34              sw=new StreamWriter("Student.txt",true,Encoding.Default);
35              sw.WriteLine(sLine);
36              sw.Close();
37          } catch(System.Exception e){
38          Console.WriteLine("文件读写操作! "+e.Message);}
39      }
40      public void FileRead()
41      {
42          StreamReader sr;
43          try
44          {
45              sr=new StreamReader("Student.txt",Encoding.Default);
46              string sLine;
47              do
48              {
49                  sLine=sr.ReadLine();
50                  Console.WriteLine("{0}",sLine);
51              }while(sLine!=null);
52              sr.Close();
53          }catch(System.Exception e){
54          Console.WriteLine("文件操作出错! "+e.Message);}
55      }
56  }
57  class Program
58  {
59      static void Main(string[] args)
60      {
61          FileAccess13 objFile=new FileAccess13();
62          objFile.FileWrite();
63          objFile.FileRead();
64      }
65  }
66 }
```

【程序说明】

① 第3行：引入文件操作类所在的命名空间 System.IO。

② 第8～39行：定义方法 FileWrite()。

③ 第10行：声明读写器 sw。

④ 第11～31行：在控制台显示并添加学生信息。

⑤ 第 34 行：实例化对象，并将写入的数据追加到文件尾部。

⑥ 第 35、36 行：将 sLine 变量的值写入文件尾部，关闭流操作。

⑦ 第 40～56 行：定义读文件方法 FileRead()。

⑧ 第 42 行：声明读取器 sr。

⑨ 第 43～54 行：在执行过程中，处理有可能会发生文件读取错误等异常情况。这里通过捕捉异常的方式处理有可能发生的错误，当读取文件出错时，有关的异常信息将在控制台显示。

⑩ 第 45 行：实例化读取器 sr，并指定要读取的文件名以及采用的编码方式。

⑪ 第 47～51 行：用 do...while 循环结构实现对文本文件的逐行读取。首先，在循环体中，读取器 sr 通过调用 ReadLine()方法将当前行记录以字符串形式返回给 sLine 变量，并将记录显示到控制台。如果返回值为 Null，说明已经读取到文件尾部；否则，继续读取下一行记录，直至文件尾部。

⑫ 第 52 行：当对文件完成读取操作后，应关闭读取流；否则，会导致文件一直被进程锁定，使其他进程不能对该文件进行操作。

（4）在.NET 开发环境中，按【Ctrl+F5】组合键执行应用程序。

程序执行效果如图 13-1 所示。

图 13-1 添加新学生的信息

从图 13-1 效果可知，输入的新学生信息已经存储到 Student.txt 文件中。

课堂实践 13-1

【任务 1】在学生成绩管理系统中，课程信息保存在一个名为 Course.txt 的文件中，一条课程信息的记录在文件中占一行。现要求实现对文件 Course.txt 的读/写操作。

（1）读取文件中所有课程的记录，并显示出来。

（2）将插入的课程记录追加到文件尾部。

【任务 2】在学生成绩管理系统中，学生成绩信息保存在一个名为 Scores.txt 的文件中，一条学生成绩信息的记录在文件中占一行。现要求实现对文件 Scores.txt 的读/写操作。

（1）读取文件中所有学生成绩的记录，并显示出来。

（2）将插入的学生成绩记录追加到文件尾部。

13.3 二进制文件的读/写

【**课堂案例 13-2**】学生成绩管理系统中，学生信息保存在 Student.bin 的二进制文件中。现要求，实现对二进制文件 Student.bin 的读/写操作。

（1）读取文件中所有学生的信息，并显示到控制台中。

（2）将控制台中输入的新学生信息追加到文件尾部。

【**案例学习目标**】

● 掌握使用 FileStream 和 BinaryReader 类实现二进制文件的读操作。

● 掌握使用 FileStream 和 BinaryWriter 类实现二进制文件的写操作。

【**案例知识要点**】FileStream、BinaryReader 和 BinaryWriter 类。

【**案例完成步骤**】

（1）读二进制文件。

（2）写二进制文件。

（3）实现应用程序。

13.3.1 读二进制文件

对二进制文件的读取步骤大致可以分成两步：在读取二进制文件前，先使用 FileStream 类将文件中的数据转换成流形式；再使用 BinaryReader 类读取数据流。

1. 创建 FileStream 对象

FileStream 类有多个构造函数，根据所带参数不同，各构造函数的功能也不相同。下面给出了常用的创建 FileStream 对象的示例代码：

```
FileStream fs=new FileStream(FileName,FileMode.OpenOrCreate,FileAccess.
ReadWrite);
```

说明：

（1）FileName：指出要访问的文件名。

（2）FileMode：指定文件的打开模式。例如，创建一个新文件或打开一个已有文件。

（3）FileAccess：指定文件的访问方式——只读、只写或可读/写。

FileMode、FileAccess 都是枚举类型。这些枚举的值应是自我解释性的，各枚举类型可使用的值如表 13-1 所示。

表 13-1 FileMode、FileAccess 枚举值

枚 举	值
FileMode	Append、Create、CreateNew、Open、OpenOrCreate 和 Truncate
FileAccess	Read、ReadWrite 和 Write

对于 FileMode，如果要求的模式与文件的现有状态不一致，将会抛出异常。例如，要求操作的文件不存在时，FileMode 使用枚举值 Append、Open 和 Truncate 会抛出异常；若操作的文件存在，FileMode 使用枚举值 CreateNew 会抛出异常。当 FileMode 使用枚举值 Create 和 OpenOrCreate 可以处理上述情况，但 Create 会删除现有的文件，创建一个新的空文件。使用完

一个流后，应关闭它，如"fs.Close();"关闭流会释放与它相关的资源，允许其他应用程序为同一个文件设置流。

2. 创建 BinaryReader 对象

这里采用格式较为简单的构造函数创建 BinaryReader 对象，创建示例如下：

```
BinaryReader br=new BinaryReader(fs);      //带 FileStream 类型参数的构造函数
```

到此，BinaryReader 实例对象已经创建完成。接下来，将要通过对象调用相应的方法实现对二进制文件的读取操作。

3. 读二进制文件

BinaryReader 类提供了多种读取二进制文件的方法，ReadByte()是读取数据最简单的方式，它从流中读取一个字节，把结果转换为一个 0～255 之间的整数。如果到达该流的末尾就返回–1，代码示例如下：

```
int NextByte=br.ReadByte();
```

如果要一次读取多个字节，可以调用 Read()方法，它可以把特定数量的字节读入到一个数组中。Read()方法返回实际读取的字节数。如果这个值是 0，就表示到达了流的尾端，代码示例如下：

```
int nBytesRead=br.Read();
```

此外，还有 ReadString()方法每次从文件的当前流中读取一个字符串。除了上面介绍的几种常用读取方式外，BinaryReader 类还提供了许多其他特点的读取方式，在此不一一列举，有兴趣的读者可以通过查阅 MSDN 文档做进一步了解。

下面给出的方法 BinaryFileRead 用于实现二进制文件 Student.bin 的读取操作。

```
public void BinaryFileRead()
{
    FileStream fs=new FileStream("Student.bin",FileMode.OpenOrCreate);
    BinaryReader br;
    try
    {
        br=new BinaryReader("Student.bin",true,Encoding.Default);
        while(br.PeekChar()!=-1)
        {
            string str=br.ReadString();
            Console.WriteLine("学生信息: "+str);
        }
        fs.Close();
        br.Close();
    } catch (Exception e){
    Console.WriteLine("异常信息: "+e.Message);}
}
```

13.3.2　写二进制文件

1. 创建 FileStream 对象

和读二进制文件的步骤一样，使用 BinaryWriter 之前，要先创建 FileStream 对象，指出要写入的文件以及文件访问方式等。创建语句如下所示：

```
FileStream fs = new FileStream(FileName, FileMode.Append, FileAccess.Write);
```

说明：

（1）FileMode.Append：指明对文件的操作是查找或定位到文件尾部。

（2）FileAccess.Write：指明二进制文件 Student.txt 的读取权限。

> **注意：**
>
> FileMode.Append 只能与 FileAccess.Write 一起使用。若定义了读操作将会引发 System.ArgumentException 异常。

2. 创建 BinaryWriter 对象

我们使用和构造 BinaryReader 对象一样简单的构造函数，即只给出 FileStream 类型参数的构造函数。创建语句如下：

```
BinaryWriter bw=new BinaryWriter(fs);
```

3. 使用 BinaryWriter 写二进制文件

创建 BinaryWriter 类的实例对象 bw 后，就可以通过对象调用方法实现对二进制文件的写操作。

BinaryWriter 类为写入数据到文件提供了 Write()方法，该方法实现将数据写入当前流。根据写入数据类型的不同，BinaryWriter 类也提供了多种格式的 Write()重载方法。例如：

```
bw.Write("true");        //将字符串值"true"写入二进制文件
bw.Write(true);          //将Boolean类型数据写入二进制文件
bw.Write('a');           //将字符类型数据写入二进制文件
```

除了上述例子中所举类型外，还可以将整数、字符数组等数据类型的值写入二进制文件。通过对【课堂案例 13-2】的分析，我们需要实现将新学生信息写入二进制文件的操作。下面方法用于实现二进制文件的写操作。

```
public void BinaryFileWrite()
{
    FileStream fs=new FileStream("Student.bin",FileMode.Append,FileAccess.
    write);
    BinaryWriter bw;
    try
    {
        bw=new BinaryWriter(fs);
        Console.WriteLine("请输入要添加的学生信息: ");
        bw.Write(Console.ReadLine());
        fs.Close();
        bw.Close();
    }catch (Exception e){
        Console.WriteLine("异常: "+e.Message);}
}
```

System.IO 命名空间提供许多用于对数据文件和数据流进行读/写操作的类。常用的是 File、Stream、FileStream、BinaryReader、BinaryWriter、StreamReader 及 StreamWriter 等。其中，Stream 类是抽象类，不能实例化，可以使用系统提供的或者用户自己创建的该类的派生类。

13.3.3 实现应用程序

对于【课堂案例 13-2】，执行以下步骤：

（1）打开 VS 2015 集成开发环境，在之前已经创建的 chap13 子文件夹下新建名为 example
13_2 的控制台应用程序。

（2）在记事本中书写如下代码：

【程序代码】Program.cs

```
1  using System;
2  using System.Collections.Generic;
3  using System.Text;
4  using System.IO;
5  namespace example13_2
6  {
7      class FileAccess13
8      {
9          public void BinaryFileRead()
10         {
11             FileStream fs=new FileStream("Student.bin", FileMode.Open,
12             FileAccess.Read);
13             BinaryReader br;
14             Try
15             {
16                 br=new BinaryReader(fs);
17                 while(br.PeekChar()!=-1)
18                 {
19                     string str=br.ReadString();
20                     Console.WriteLine("学生姓名: "+str);
21                 }
22                 fs.Close();
23                 br.Close();
24             }
25             catch (Exception e)
26             {
27                 Console.WriteLine("异常信息: "+e.Message);
28             }
29         }
30         public void BinaryFileWrite()
31         {
32             FileStream fs=new FileStream("Student.bin", FileMode.Append,
33             FileAccess.Write);
34             BinaryWriter bw;
35             Try
36             {
37                 bw=new BinaryWriter(fs);
38                 Console.WriteLine("请输入要添加的学生姓名: ");
39                 bw.Write(Console.ReadLine());
40                 fs.Close();
41                 bw.Close();
42             }
```

```
43              catch (Exception e)
44              {
45                  Console.WriteLine("异常: "+e.Message);
46              }
47          }
48      }
49  class Program
50  {
51      static void Main(string[] args)
52      {
53          FileAccess13 objFile=new FileAccess13 ();
54          objFile.BinaryFileWrite();
55          Console.WriteLine("读取二进制文件 Student.bin 内容如下: ");
56          objFile.BinaryFileRead();
57      }
58  }
59 }
```

【程序说明】

① 第 9～28 行：定义方法 BinaryFileRead()。该方法用于实现将二进制文件 Student.bin 的内容输出到控制台。

② 第 30～46 行：定义方法 BinaryFileWrite()。该方法用于实现将控制台的数据写入二进制文件 Student.bin。

（3）在.NET 开发环境中，按【Ctrl+F5】组合键执行应用程序。

程序执行效果如图 13-2 所示。

图 13-2　二进制文件的写入与读取

课堂实践 13-2

【任务 1】用二进制文件读/写方式实现【课程实践 13-1】的【任务 1】。

【任务 2】用二进制文件读/写方式实现【课程实践 13-1】的【任务 2】。

思考与练习

一、填空题

1. FileStream 类继承于 Stream 类，它主要用于_____的输入和输出。

2. 程序中若需要使用对文件的操作，应该引用相应的命名空间_____。

3. 对文本文件的读/写操作，通常采用_____类，二进制文件的读/写,通常采用_____类。

4. _____类用于实现常见的各种目录操作，如对目录及其子目录的创建、移动、浏览。

5. 构造 FileStream 实例时，参数 FileMode 的枚举值有_____、_____、_____、_____、_____和_____。

二、选择题

1. 为打开文件 c:\Winnt\Win.txt 进行读/写操作，首先应创建（　　　　）类的实例。

   A. BufferedStream　　　　B. MemoryStream　　　　C. FileStream　　　　D. CryptoStream

2. 在构造 StreamWriter 实例时，参数 Encoding.Default 表示采用（　　　　）字符编码方式将数据写入文件。

   A. GB2312　　　　B. ASCII　　　　C. UTF32　　　　D. unicode

3. 在使用 FileStream 打开一个文件时，通过使用 FileMode 枚举类型的（　　　　）成员来指定操作系统打开一个现有文件并把文件读/写指针定位在文件尾部。

   A. Append　　　　B. Create　　　　C. CreateNew　　　　D. Truncate

4. 为从标准文本文件（如 readme.txt）中读取信息行，应使用（　　　　）操作文件。

   A. XmltextReader　　　　B. XmlReader　　　　C. TextReader　　　　D. StreamReader

5. 在使用 BinaryReader 实例对二进制文件进行读操作时，实例的（　　　　）方法实现从流中读取一个字节的功能。

   A. ReadByte()　　　　B. ReadString()　　　　C. Read()　　　　D. ReadLine()

三、简答题

1. 什么是文件？什么是流？流与文件的关系是什么？

2. 简述二进制文件的读/写与文本文件的读/写特点以及区别。

3. 请列举几种常见的编码方式，并简单介绍一下各自特点。

第**14**章

学生成绩管理系统的设计与实现

本章详细介绍学生成绩管理系统的设计和实现。通过本章学习，要求读者能用面向对象的编程方法设计和实现控制台应用程序。学习本章后要达到以下 2 个学习目标：

学习目标	☑ 了解面向对象的程序设计。 ☑ 掌握面向对象的编程。

14.1 学生成绩管理系统的设计

14.1.1 系统概述

学生成绩管理系统主要管理学生的基本信息、课程信息和学生的成绩信息。通过该系统，用户能方便地实现各类信息的存储和查找，为学校的信息管理奠定基础。该系统主要包含如下功能：

1. 学生信息管理

学生信息管理是对学生的基本情况进行管理，包括添加学生信息、修改学生信息、删除学生信息和查找学生。

（1）添加学生信息：管理员添加一条学生信息并保存到文本文件中。

（2）修改学生信息：管理员修改一个已存在的学生信息并保存到文件中。

（3）删除学生信息：管理员从文件中删除一条已存在的学生信息。

（4）查找学生信息：管理员根据学生的学号从文件中检索出一条学生的信息并显示出来。

2. 课程管理

课程管理是对学生所学课程的基本情况进行管理，包括添加课程信息、修改课程信息、删除课程信息和查找课程。

（1）添加课程信息：管理员添加一条课程信息并保存到文本文件中。

（2）修改课程信息：管理员修改一条已存在的课程信息并保存到文件中。

（3）删除课程信息：管理员从文件中删除一条已存在的课程信息。

（4）查找课程信息：管理员根据课程的编号从文件中检索出一条课程的信息并显示出来。

3. 学生成绩管理

学生成绩管理是对学生的考试成绩进行日常管理，包括添加学生成绩信息、修改学生成绩信息、删除学生成绩信息和查找成绩。

（1）添加学生成绩信息：管理员添加一条学生成绩信息并保存到文本文件中。

（2）修改学生成绩信息：管理员修改一条已存在的学生成绩信息并保存到文件中。

（3）删除学生成绩信息：管理员从文件中删除一条已存在的学生成绩信息。

（4）查找成绩信息：管理员根据学号和课程号从文件中检索出一条学生的成绩信息并显示出来。

14.1.2 系统功能模块设计

学生成绩管理系统是一个基于控制台的管理项目。它完全采用面向对象的思想进行设计和实现。系统的主界面如图 14-1 所示。

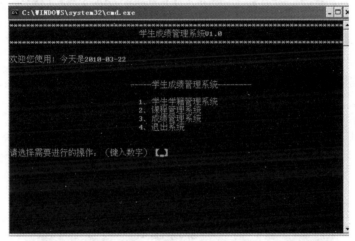

图 14-1 系统主界面

1. 学生信息管理模块

该模块提供对学生信息的管理功能。在主界面中输入编号"1"进入学生信息管理模块。该模块主界面如图 14-2 所示，模块提供了对学生信息的查找、添加、删除和修改四大功能，用户可以在模块主界面的【 】处输入要进行操作的编号，进入各详细功能界面。

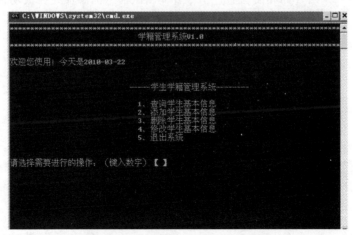

图 14-2 学生信息管理模块主界面

在【 】处输入编号"1"，进入查询功能。图 14-3 是一个根据学号查询学生信息的示例。查询完成后，可以选择是否继续查询。若选择"否"，系统将返回主界面。

图 14-3　查询学生信息

同理，输入编号"2"，进入添加功能界面。图 14-4 给出了一个添加学生信息的示例。

图 14-4　添加新学生信息

添加完后，可以返回查询界面，通过学号查询测试信息的添加是否成功，如图 14-5 所示。

图 14-5　成功添加学生信息

　　输入编号"3"，进入删除功能界面。删除信息前，需要再次确认，如图 14-6 所示。若确定删除该信息，输入"Y"；否则，输入"N"。

图 14-6　删除新添加的学生信息

　　输入编号"4"，进入修改功能界面，如图 14-7 所示。

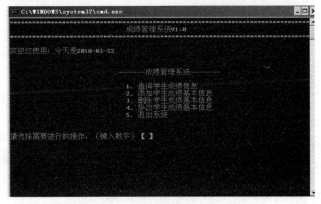

图 14-7　修改学生信息

2. 学生成绩管理模块

　　该模块提供对学生成绩的管理与维护。成绩管理模块的主界面如图 14-8 所示。

图 14-8　成绩管理模块主界面

　　根据主界面中相关的提示说明，用户可以在【　】中输入想要执行的操作编号。输入编号"1"进入查询学生成绩功能界面。系统为查询提供了多种类型的查找条件，如查找某门课程的不及格、及格以及优秀等各等级的学生人数及名单（见图 14-9）；根据学号及课程号查找指定学生某门课程的成绩，并根据成绩给出相应等级（见图 14-10）等。

图 14-9　查询并显示某门课程的成绩分布情况

图 14-10　查询并显示某学生某门课程的成绩及相应等级

　　同样，在【　】中输入"2""3""4"将分别执行添加、删除和修改操作。在此，不再做详细的操作说明，图 14-11～图 14-13 分别为应上述三类操作的示例。

图 14-11　添加某学生某门课程的成绩信息

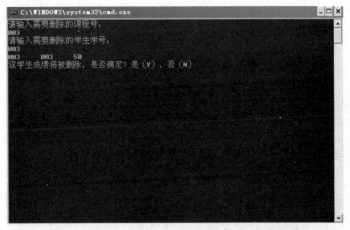

图 14-12 删除某学生某门课程的成绩信息

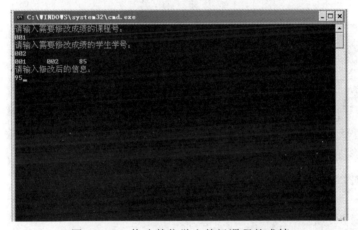

图 14-13 修改某位学生某门课程的成绩

3. 课程管理模块

课程管理模块则是实现对学生所学课程的信息管理及维护。和前面两大模块一样,实现了对课程信息的添、删、查、改操作。在此也不再做过多的介绍,仅以图 14-14～图 14-17 进行展示。

图 14-14 查询指定课程的基本信息

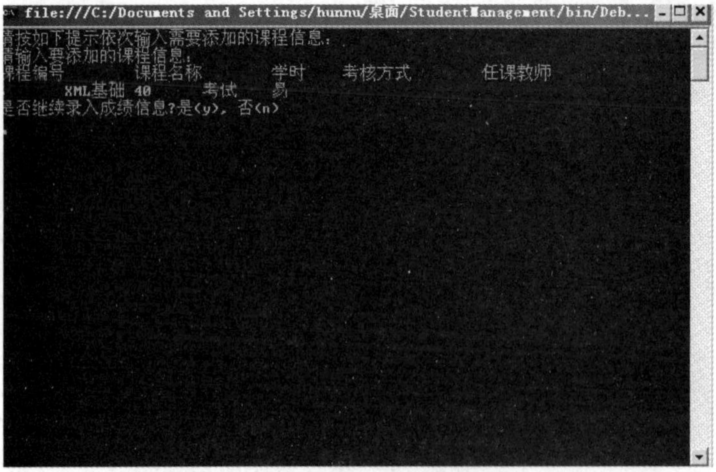

图 14-15 添加新课程的基本信息

图 14-16 删除某门课程

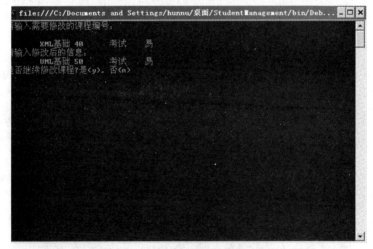

图 14-17 修改指定课程的相关信息

14.1.3　数据文件设计

根据系统的功能描述与业务分析，项目要处理的数据大致可分为学生信息、成绩信息以及课程信息三大类。对于这些数据，我们均采用文本文件的形式进行存储，当需要对学生、课程以及成绩数据进行操作时，实际上是执行对文件的读/写操作。采用这样的数据存储方式，目的在于让读者们充分地体会教材设定的知识框架中各类知识点的应用，使读者通过边学边做的方式，对 C#面向对象编程语言有更加深入的了解，并能灵活使用 C#进行项目的开发。

学生成绩管理系统的主要数据文件及其内容如下：

1. Student.txt 文件（学生信息文件）

学生信息在 Student.txt 文件中的存放特点是一行记录代表一个学生的基本信息。学生基本信息的详细说明如表 14-1 所示。

表 14-1　学生的基本信息

序　号	字　段　名	含　义	数　据　类　型
1	sStuNumber	学生学号	string
2	sStuName	学生姓名	string
3	sBirthday	出生年月	string
4	sGender	性别	string
5	sEnrollTime	入学时间	string
6	sClass	所在班级	string
7	sAddress	家庭住址	string
8	sPhone	联系电话	string
9	sMobile	手机	string
10	sMemo	备注	string

2. Course.txt 文件（课程文件）

与学生信息在 Student.txt 文件中的存储特点一样，在 Course.txt 文件中，一行记录代表一门课程的信息。课程信息的详细说明如表 14-2 所示。

表 14-2　课程信息

序　号	字　段　名	含　义	数　据　类　型
1	iCourseNumber	课程编号	int
2	sCourseName	课程名称	string
3	ilearnNumber	学时	int
4	tTestMode	考核方式	TestMode 枚举型（用户自定义）
5	sTeacher	任课教师	string

3. Scores.txt（成绩文件）

在 Scores.txt 文件中，一行存储一个学生一门课程的成绩信息。成绩信息的详细说明如表 14-3 所示。

表 14-3　成绩信息

序　　号	字　段　名	含　　义	数据类型
1	sStuNumber	学生学号	String
2	iCourseNumber	课程编号	Int
3	iScore	课程成绩	Int

14.2　学生成绩管理系统的实现

本节将详细介绍学生成绩管理系统的具体实现。读者可以通过阅读程序，掌握 C#面向对象的编程思想以及常用功能的编写。学生成绩管理系统的文件组成如图 14-18 所示，本节主要介绍学生信息管理模块的具体实现，其他模块请读者依照此模块的实现以及配套资源自行进行学习。

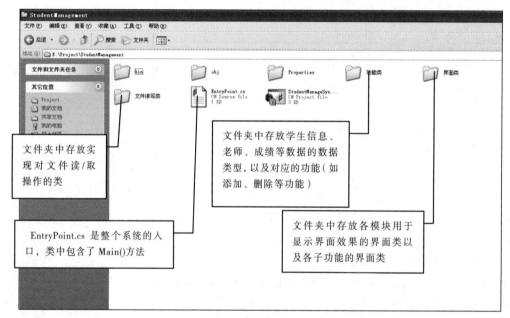

图 14-18　项目文件的组成

（1）EntryPoint.cs：系统运行的入口，其中包含了主程序 Main()。

（2）"文件读/写类"文件夹：文件夹中有一个 FileAccessIO.cs 类文件，该类负责实现将程序中的数据写入文本文件（Student.txt、Course.txt 等），以及将文本文件的数据读入程序。

（3）"界面类"文件夹：文件夹中有系统主界面类等，此外，对于各模块的界面也分别存放在"成绩类"和"学生管理类"等子文件夹中。具体结构如图 14-19 所示。

（4）"功能类"文件夹：该文件夹中有 Course.cs、Scores.cs、Student.cs、Teacher.cs、CourseFunction.cs、ScoresFunction.cs 和 StudentFunction.cs 等。其中，Course.cs、Scores.cs、Student.cs 以及 Teacher.cs 分别定义了课程、成绩、学生和教师的数据结构。CourseFunction.cs、ScoresFunction.cs 和 StudentFunction.cs 等类则负责实现对课程、成绩、学生等模块中各功能的实现，如添加、删除、修改等操作。

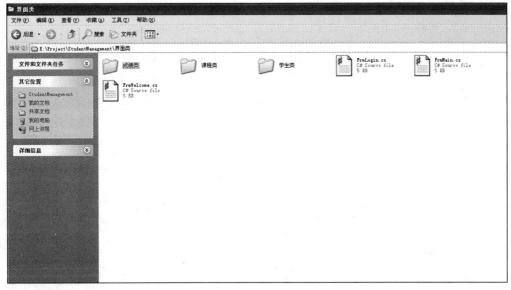

图 14-19　"界面类"文件夹的组成

学生信息管理模块的实现要涉及如下几个方面的操作：

（1）信息管理模块中各界面的显示类（应存放到"界面类\学生管理类"文件夹）。

（2）实现对文本文件"Student.txt"的读/写操作（涉及"文件读写类"文件夹中的 FileAccessIO.cs）。

（3）定义学生类数据结构以及实现相应添加、删除、查询、修改功能（涉及"功能类"文件夹中的 Student.cs 以及 StudentFunction.cs）

下面对学生信息管理模块功能的实现做具体说明。

（1）Student.cs（定义学生类）的代码如下：

```
using System;
using System.Collections.Generic;
using System.Text;
namespace StudentManagement
{
    ///<summary>
    ///Student 类: 定义了学生类型的数据结构
    ///</summary>
    class Student
    {
        private string sStuNumber;          //学号
        private string sStuName;            //姓名
        private string sBirthday;           //出生年月
        private string sGender;             //性别
        private string sEnrollTime;         //入学时间
        private string sClass;              //所在班级
        private string sAddress;            //家庭住址
        private string sPhone;              //联系电话
        private string sMobile;             //手机
        private string sMemo;               //备注
        public  string StuNumber
```

```
{
    get
    {   return sStuNumber; }
    set
    {   sStuNumber=value; }
}
public string StuName
{
    get
    {   return sStuName; }
    set
    {   sStuName=value; }
}
public string StuBirth
{
    get
    {   return sBirthday; }
    set
    {   sBirthday=value; }
}
public string StuGender
{
    get
    {   return sGender; }
    set
    {   sGender=value; }
}
public string StuEnrollTime
{
    set
    {   sEnrollTime=value; }
    get
    {   return sEnrollTime; }
}
public string StuClass
{
    set
    {   sClass=value; }
    get
    {   return sClass; }
}
public string StuAddress
{
    get
    {   return sAddress; }
    set
    {   sAddress=value; }
}
public string StuPhone
{
```

```
            set
            { sPhone=value; }
            get
            { return sPhone; }
        }
        public string StuMobile
        {
            set
            { sMobile=value; }
            get
            { return sMobile; }
        }
        public string StuMemo
        {
            get
            { return sMemo; }
            set
            { sMemo=value; }
        }
    }
}
```

（2）StudentFunction.cs（功能类）代码如下：

```
using System;
using System.Collections.Generic;
using System.Text;
using System.Collections;
namespace StudentManagement
{
    ///<summary>
    ///StudentFunction 类：该类用于实现对学生的添加、删除、修改、查询操作
    ///</summary>
    class StudentFunction
    {   private ArrayList result=new ArrayList();
        public Student QueryStudentByID(string stuID)
        {
            result=FileAccessIO.RetrieveDataStudent();
            Student student=null;
            foreach(Student stu in result)
            {
                if(stu.StuNumber.Trim()==stuID.Trim())
                {
                    student=stu;
                    break;
                }
            }
            return student;
        }
        public void UpdateStudentByID(Student oldStu,Student newStu)
        {
            RemoveStudentByID(oldStu.StuNumber);
```

```
            AddStudent(newStu);
        }
        public void AddStudent(Student student)
        {
            result=FileAccessIO.RetrieveDataStudent();
            result.Add(student);
            FileAccessIO.UpdateDataStudent(result);
        }
        public void RemoveStudentByID(string stu)
        {
            FileAccessIO.DeleteDataStudent(stu);
        }
    }
}
```

（3）FileAccessIO.cs（文件读/写类）代码如下：

```
using System;
using System.Collections.Generic;
using System.Text;
using System.Collections;
using System.IO;
namespace StudentManagement
{
    ///<summary>
    ///FileAccessIO类: 定义为静态类，专门负责对文件的读取和写入
    ///</summary>
    static class FileAccessIO
    {
        private static string filename;
        public static string FileName
        {
            set
            {   filename=value; }
            get
            {   return filename; }
        }
        public static ArrayList RetrieveDataStudent()
        {
            ArrayList set=new ArrayList();
            filename="Student.txt";
            if(File.Exists(filename))
            {
                FileStream fs=new FileStream(filename, FileMode.Open, FileAccess.
                Read);
                StreamReader sr=new StreamReader(fs, Encoding.Default);
                string temp=null;
                while((temp=sr.ReadLine())!=null)
                {
                    string[] arr=temp.Split('\t');
                    Student stu=new Student();
                    stu.StuNumber=arr[0];
```

```
                stu.StuName=arr[1];
                stu.StuBirth=arr[2];
                stu.StuGender=arr[3];
                stu.StuEnrollTime=arr[4];
                stu.StuClass=arr[5];
                stu.StuAddress=arr[6];
                stu.StuPhone=arr[7];
                stu.StuMobile=arr[8];
                stu.StuMemo=arr[9];
                set.Add(stu);
            }
            fs.Close();
            sr.Close();
        }
        return set;
    }
    public static void UpdateDataStudent(ArrayList set)
    {
        filename="Student.txt";
        if(File.Exists(filename))
        {
            FileStream fs=new FileStream(filename,FileMode.Truncate,
            FileAccess.Write);
            StreamWriter sw=new StreamWriter(fs,Encoding.Default);
            foreach(Student stu in set)
            {
                sw.Write(stu.StuNumber+"\t");
                sw.Write(stu.StuName+"\t");
                sw.Write(stu.StuBirth+"\t");
                sw.Write(stu.StuGender+"\t");
                sw.Write(stu.StuEnrollTime+"\t");
                sw.Write(stu.StuClass+"\t");
                sw.Write(stu.StuAddress+"\t");
                sw.Write(stu.StuPhone+"\t");
                sw.Write(stu.StuMobile+"\t");
                sw.Write(stu.StuMemo);
                sw.WriteLine();
            }
            sw.Close();
            fs.Close();
        }
    }
    public static void DeleteDataStudent(string stuID)
    {
        ArrayList result=new ArrayList();
        result=RetrieveDataStudent();
        Student student=null;
        foreach(Student stu in result)
        {
            if(stu.StuNumber.Trim()==stuID)
```

```
                {
                    student=stu;
                    break;
                }
            }
            result.Remove(student);
            UpdateDataStudent(result);
    }
    public static ArrayList RetrieveDataScores()
    {
        ArrayList set=new ArrayList();
        filename="Scores.txt";
        if(File.Exists(filename))
        {
            FileStream fs=new FileStream(filename, FileMode.Open, FileAccess.
            Read);
            StreamReader sr=new StreamReader(fs,Encoding.Default);
            string temp=null;
            while((temp=sr.ReadLine())!=null)
            {
                string[] arr=temp.Split('\t');
                Scores score=new Scores();
                score.StuNumber=arr[0];
                score.CourseNumber=int.Parse(arr[1]);
                score.Score=int.Parse(arr[2]);
                set.Add(score);
            }
            fs.Close();
            sr.Close();
        }
        return set;
    }
    public static ArrayList RetrieveDataCourse()
    {
        ArrayList set=new ArrayList();
        filename="Course.txt";
        if(File.Exists(filename))
        {
            FileStream fs=new FileStream(filename,FileMode.Open, FileAccess.
            Read);
            StreamReader sr=new StreamReader(fs,Encoding.Default);
            string temp=null;
            while((temp=sr.ReadLine())!=null)
            {
                string[] arr=temp.Split('\t');
                Course cur=new Course();
                cur.CourseNumber=int.Parse(arr[0]);
                cur.CourseName=arr[1];
                cur.LearnNumber=int.Parse(arr[2]);
                cur.TestMode=arr[3];
```

```
                cur.Teacher=arr[4];
                set.Add(cur);
            }
            fs.Close();
            sr.Close();
        }
        return set;
    }
    public static void DeleteDataCourse(string courseID)
    {
        ArrayList result=new ArrayList();
        result=RetrieveDataCourse();
        Course course=null;
        foreach(Course cour in result)
        {
            if(cour.CourseNumber.ToString()==courseID)
            {
                course=cour;
                break;
            }
        }
        result.Remove(course);
        UpdateDataCourse(result);
    }
    public static void UpdateDataCourse(ArrayList set)
    {
        filename="Course.txt";
        if(File.Exists(filename))
        {
            FileStream fs=new FileStream(filename,FileMode.Truncate,
            FileAccess.Write);
            StreamWriter sw=new StreamWriter(fs,Encoding.Default);
            foreach(Course stu in set)
            {
                sw.Write(stu.CourseNumber.ToString()+"\t");
                sw.Write(stu.CourseName+"\t");
                sw.Write(stu.LearnNumber.ToString()+"\t");
                sw.Write(stu.TestMode+"\t");
                sw.Write(stu.Teacher);
                sw.WriteLine();
            }
            sw.Close();
            fs.Close();
        }
    }
    public static void UpdateDataScores(ArrayList set)
    {
        filename="Scores.txt";
        if(File.Exists(filename))
        {
```

```
            FileStream fs=new FileStream(filename,FileMode.Truncate,
            FileAccess.Write);
            StreamWriter sw=new StreamWriter(fs,Encoding.Default);
            foreach(Scores score in set)
            {
                sw.Write(score.StuNumber+"\t");
                sw.Write(score.CourseNumber.ToString()+"\t");
                sw.Write(score.Score.ToString());
                sw.WriteLine();
            }
            sw.Close();
            fs.Close();
        }
    }
    public static void DeleteDataScores(string courID,string stuID)
    {
        ArrayList result=new ArrayList();
        result=RetrieveDataScores();
        Scores scores=null;
        foreach(Scores score in result)
        {
            if(score.CourseNumber.ToString()==courID && score.StuNumber.
            Trim()==stuID)
            {
                scores=score;
                break;
            }
        }
        result.Remove(scores);
        UpdateDataScores(result);
    }
    }
}
```

（4）FrmStuMain.cs（学生信息管理模块的主界面）代码如下：

```
using System;
using System.Collections.Generic;
using System.Text;
namespace StudentManagement
{
    ///<summary>
    ///欢迎界面，负责欢迎界面的显示
    ///</summary>
    class FrmStuMain
    {
        private int Left=0;
        private int top=0;
        public void Show()
        {
            try
            {
```

```
        while(true)
        {
            Console.Clear();
            DrawHead();
            DrawItem();
            if(!HandleOptions())
            {
                break;
            }
        }
    }
    catch(Exception e)
    {
        Console.WriteLine("异常块: "+e.Message);
    }
}
private void DrawHead()
{
    Left=Console.WindowWidth/2-9;
    top=1;
    Console.WriteLine("*".PadLeft(80,'*'));
    Console.SetCursorPosition(Left,top);
    Console.WriteLine("学籍管理系统V1.0");
    Console.WriteLine("*".PadLeft(80,'*'));
    Console.WriteLine("欢迎您使用! 今天是{0:yyyy-MM-dd}",DateTime.Now);
}
private void DrawItem()
{
    top=7;
    Console.SetCursorPosition(Left-2,top);
    Console.WriteLine("学生学籍管理系统".PadLeft(13,'-').PadRight(21,'-'));
    Console.SetCursorPosition(Left,top+=2);
    Console.WriteLine("1、查询学生基本信息");
    Console.SetCursorPosition(Left,++top);
    Console.WriteLine("2、添加学生基本信息");
    Console.SetCursorPosition(Left,++top);
    Console.WriteLine("3、删除学生基本信息");
    Console.SetCursorPosition(Left,++top);
    Console.WriteLine("4、修改学生基本信息");
    Console.SetCursorPosition(Left,++top);
    Console.WriteLine("5、退出系统");
}
private bool HandleOptions()
{
    bool isLoop=true;
    Console.SetCursorPosition(0,top+=3);
    Console.Write("请选择需要进行的操作: （输入数字）【 】");
    Console.SetCursorPosition(36,top);
    int option=int.Parse(Console.ReadLine());
    switch(option)
```

```
        {
            case 1:
                FrmQuery frmQuery=new FrmQuery();
                frmQuery.Show();
                break;
            case 2:
                FrmAdd frmAdd=new FrmAdd();
                frmAdd.Show();
                break;
            case 3:
                FrmDelete frmDelete=new FrmDelete();
                frmDelete.Show();
                break;
            case 4:
                FrmUpdate frmUpdate=new FrmUpdate();
                frmUpdate.Show();
                break;
            case 5:
                isLoop=false;
                break;
            default:
                Console.Write("Sorry!只能输入1到5之间的数字！");
                break;
        }
        return isLoop;
    }
}
}
```

（5）FrmQuery.cs（查询界面）代码如下：

```
using System;
using System.Collections.Generic;
using System.Text;
namespace StudentManagement
{
    ///<summary>
    ///学生学籍查询类
    ///</summary>
    class FrmQuery
    {
        private string stuID;
        public void Show()
        {
            while(true)
            {
                Console.Clear();
                Console.WriteLine("欢迎使用查询学籍信息功能");
                Console.WriteLine("本系统根据学号查询信息的功能,请输入你要查询的学号: ");
                stuID=Console.ReadLine();
                Student stuResult=null;
                StudentFunction stuFunction=new StudentFunction();
```

```
                    stuResult=stuFunction.QueryStudentByID(stuID);
                    if(stuResult!=null)
                    {
                        Console.WriteLine("你要查找的学生信息如下: ");
                        Console.WriteLine("学号\t姓名\t出生年月\t性别\t入学时间\t所
                        在班级\t家庭住址\t联系电话\t手机\t备注");
                        Console.Write(stuResult.StuNumber+"\t");
                        Console.Write(stuResult.StuName+"\t");
                        Console.Write(stuResult.StuBirth+"\t");
                        Console.Write(stuResult.StuGender+"\t");
                        Console.Write(stuResult.StuEnrollTime+"\t");
                        Console.Write(stuResult.StuClass+"\t");
                        Console.Write(stuResult.StuAddress+"\t");
                        Console.Write(stuResult.StuPhone+"\t");
                        Console.Write(stuResult.StuMobile+"\t");
                        Console.Write(stuResult.StuMemo);
                        Console.WriteLine();
                        Console.WriteLine("还有继续查找吗? 是(Y), 否(N)");
                        string option=Console.ReadLine().ToUpper();
                        if(option=="Y")
                            continue;
                        else if(option!="N")
                            Console.WriteLine("输入有误! ");
                        else
                            break;
                    }
                }
            }
        }
    }
}
```

（6）FrmAdd.cs（添加界面）代码如下：

```
using System;
using System.Collections.Generic;
using System.Text;
namespace StudentManagement
{
    ///<summary>
    ///学生学籍信息添加类
    ///</summary>
    class FrmAdd
    {
        public void Show()
        {
            while(true)
            {
                try
                {
                    Console.Clear();
                    Console.WriteLine("请按如下提示依次输入需要添加的学生信息: ");
                    Console.WriteLine("请输入要添加的学生信息: ");
```

```
        Console.WriteLine("学号\t姓名\t出生年月\t性别\t入学时间\t所
        在班级\t家庭住址\t联系电话\t手机\t备注");
        string tempStr=Console.ReadLine();
        string[] tempArr=tempStr.Split('\t');
        Student stuNew=new Student();
        stuNew.StuNumber=tempArr[0];
        stuNew.StuName=tempArr[1];
        stuNew.StuBirth=tempArr[2];
        stuNew.StuGender=tempArr[3];
        stuNew.StuEnrollTime=tempArr[4];
        stuNew.StuClass=tempArr[5];
        stuNew.StuAddress=tempArr[6];
        stuNew.StuPhone=tempArr[7];
        stuNew.StuMobile=tempArr[8];
        stuNew.StuMemo=tempArr[9];
        StudentFunction stuFunction=new StudentFunction();
        stuFunction.AddStudent(stuNew);
        Console.WriteLine("是否继续录入学生信息?是(Y)，否(N)");
        string option=Console.ReadLine().ToUpper();
        if(option=="Y")
            continue;
        else if(option=="N")
            break;
        else
            Console.WriteLine("输入有误！");
    }
    catch(Exception e)
    {
        Console.WriteLine("添加出现异常: "+e.Message);
    }
}
}
}
}
```

（7）FrmUpdate.cs（修改界面）代码如下：

```
using System;
using System.Collections.Generic;
using System.Text;
namespace StudentManagement
{
    ///<summary>
    ///学生学籍信息修改类
    ///</summary>
    class FrmUpdate
    {
        public void Show()
        {
            while(true)
            {
                Console.Clear();
```

```
            Console.WriteLine("请输入需要修改的学生学号: ");
            string m_stuID=Console.ReadLine().Trim();
            StudentFunction stuFun=new StudentFunction();
            Student stuOld=new Student();
            Student stuNew=new Student();
            stuOld=stuFun.QueryStudentByID(m_stuID);
            Console.Write(stuOld.StuNumber+"\t");
            Console.Write(stuOld.StuName+"\t");
            Console.Write(stuOld.StuBirth+"\t");
            Console.Write(stuOld.StuGender+"\t");
            Console.Write(stuOld.StuEnrollTime+"\t");
            Console.Write(stuOld.StuClass+"\t");
            Console.Write(stuOld.StuAddress +"\t");
            Console.Write(stuOld.StuPhone+"\t");
            Console.Write(stuOld.StuMobile+"\t");
            Console.Write(stuOld.StuMemo);
            Console.WriteLine("\n请输入修改后的信息: ");
            string inSertStr=Console.ReadLine();
            string[] arrs=inSertStr.Split('\t');
            stuNew.StuNumber=arrs[0];
            stuNew.StuName=arrs[1];
            stuNew.StuBirth=arrs[2];
            stuNew.StuGender=arrs[3];
            stuNew.StuEnrollTime=arrs[4];
            stuNew.StuClass=arrs[5];
            stuNew.StuAddress=arrs[6];
            stuNew.StuPhone=arrs[7];
            stuNew.StuMobile=arrs[8];
            stuNew.StuMemo=arrs[9];
            stuFun.UpdateStudentByID(stuOld,stuNew);
            Console.WriteLine("是否继续修改学生信息? 是(Y), 否(N)");
            string option=Console.ReadLine().ToUpper();
            if(option=="Y")
                continue;
            else if(option=="N")
                break;
            else
                Console.WriteLine("输入有误! ");
        }
    }
  }
}
```

（8）FrmDelete.cs（删除界面）代码如下：

```
using System;
using System.Collections.Generic;
using System.Text;
namespace StudentManagement
{
    ///<summary>
    ///学生学籍信息删除类
```

```
///</summary>
class FrmDelete
{
    public void Show()
    {
        while(true)
        {
            Console.Clear();
            Console.WriteLine("请输入需要删除的学生学号: ");
            string stuID=Console.ReadLine();
            Student stu=new Student();
            StudentFunction stuFunction=new StudentFunction();
            stu=stuFunction.QueryStudentByID(stuID);
            if(stu!=null)
            {
                Console.Write(stu.StuNumber+"\t");
                Console.Write(stu.StuName+"\t");
                Console.Write(stu.StuBirth+"\t");
                Console.Write(stu.StuGender+"\t");
                Console.Write(stu.StuEnrollTime+"\t");
                Console.Write(stu.StuClass+"\t");
                Console.Write(stu.StuAddress+"\t");
                Console.Write(stu.StuPhone+"\t");
                Console.Write(stu.StuMobile+"\t");
                Console.Write(stu.StuMemo);
                Console.WriteLine();
                Console.WriteLine("该学生将被删除，是否确定？是（Y），否（N）");
                if(Console.ReadLine().ToUpper()=="Y")
                    stuFunction.RemoveStudentByID(stu.StuNumber);
                Console.WriteLine("是否继续删除学生信息?是(y)，否(N)");
                string option=Console.ReadLine().ToUpper();
                if(option=="Y")
                    continue;
                else if(option=="N")
                    break;
                else
                    Console.WriteLine("输入有误! ");
            }
        }
    }
}
```

参 考 文 献

[1] 谭浩强. C 程序设计[M]. 北京：清华大学出版社，1991.

[2] 刘烨，季石磊. C#编程及应程序开发教程[M]. 北京：清华大学出版社，2007.

[3] SHARP J. Visul C# 2005 从入门到精通[M]. 周靖，译. 北京：清华大学出版社，2006.

[4] 邵鹏鸣. Visul C#程序设计基础教程[M]. 北京：清华大学出版社，2007.